U0304907

零基础
蛋糕教科书

烘焙大师教你 124 种
不同风味蛋糕一次就成功

黎国雄　主编

江苏凤凰科学技术出版社

发现蛋糕的秘密

不知道从什么时候起，美食已成为一种时尚，人们对美食的狂热衍生出了"吃货"一词。很多人甚至把搜寻、品尝美食作为一条释放压力的途径。而蛋糕因其多变的口味、漂亮的外观，深受人们的喜爱。它不仅仅出现在生日聚会、典礼上，还常常成为人们饭后点心、下午茶的首选。

关于蛋糕，很多人都会联想到生日，其实这里还有一个关于蛋糕的宗教神话。中古时期的欧洲，流传着这样的说法：生日当天，人的灵魂会被恶魔侵扰，于是人们就用蛋糕来送祝福，保护自己的亲朋好友。蛋糕最初只有贵族才可以食用，流传到现在，普通百姓都会在亲人、朋友生日的时候，送上蛋糕作为祝福。

蛋糕见证了人们很多的欢乐，生日上有它，节日上有它，婚礼上还有它。蛋糕不仅漂亮，还具有很高的营养价值，其主要材料是糖、蛋、面粉，碳水化合物、蛋白质、钙等含量丰富，且其松软、甜蜜的口感深受大人和孩子的喜爱。

很多人对DIY有着一种狂热，看到喜欢的东西就想自己做出来。如果你是蛋糕爱好者，想自己做出美味的蛋糕，但是又因它繁杂的工序而望而却步，那么这本书可以帮助你把这个美妙的想法付诸实践。

其实制作蛋糕一点都不难，在本书开头，我们首先为你介绍蛋糕的制作材料和工具、技巧等基础知识，让你对蛋糕制作有一个概括性的了解。然后分为初级、中级、高

级篇具体介绍蛋糕的制作方法，每一款蛋糕都有详尽的步骤解析，并配有清晰的实物图和制作指导，手把手教你来操作。即使是一些看似高难度的蛋糕，只要你跟着步骤做下来，零基础都能轻松学会。

总之，无论你是个蛋糕新手，还是个蛋糕探索者，你都能在这里找到你想要的，一步一步制作下来，你就会觉得，其实只要多尝试，蛋糕制作原来这么简单。快行动起来，把甜蜜分享给你的家人和朋友吧!

目录 | CONTENTS

Part 1

蛋糕制作基础知识

008 制作蛋糕的基本原料

009 制作蛋糕的基本工具

010 蛋糕制作常见问题的
解决方法和制作关键

012 蛋糕原材料打发的方法

014 低调的奢华
奶油蛋糕体

015 一抹风情
欧机主教蛋糕体

016 生津润燥
柠檬蛋糕体

017 关爱你的肺
杏仁蛋糕体

018 肾好，身体好板栗蛋糕体

019 吃一块，更提神
黑巧克力蛋糕体

020 巧克力糕点的国王
沙哈蛋糕体

021 待客的必备甜点
布朗尼蛋糕体

022 西点店的"常青"产品
瑞士卷轻彼士裘伊蛋糕体

023 香浓咖啡味
咖啡杏仁彼士裘伊蛋糕体

024 法式少女酥胸
马卡龙饼干

025 直角坯

026 空心坯

027 圆坯

027 柠檬橙糖片

Part 2

初级蛋糕制作

030 酸酸甜甜
欧式草莓巧克力蛋糕

031 双色巧克力
欧式水果巧克力蛋糕

032 滋补调理
欧式草莓圆环蛋糕

033 浓郁香醇
欧式可可蛋糕

034 淡淡柠檬香
欧式柠檬草莓蛋糕

035 充满春天的味道
欧式香橙奶油蛋糕

036 润肺养颜
欧式杏仁草莓蛋糕

037 白色情人节的礼物
欧式草莓白巧克力蛋糕

038 动感风潮
欧式草莓五环蛋糕

039 精致女人的甜点
欧式草莓花儿蛋糕

040 网住幸福
欧式水果网格蛋糕

041 浪漫女人花
欧式花型蛋糕

042 公主情结
欧式白雪公主蛋糕

043 赤诚之心
欧式草莓甜蜜蛋糕

044 一米阳光
欧式水果纯滑蛋糕

045 青涩时光
欧式草莓甜蜜蛋糕

046 激情夏日
清凉一夏

047 一生的守护
心的港湾

049 雍荣华贵
欧式花团锦簇蛋糕

051 幸福的转轮
旋转轮盘

053 甜蜜的滋味
巧克力乳酪蛋糕

055 浓浓的爱恋
巧克力慕斯蛋糕

057 秀外慧中
古典巧克力蛋糕

059 咖色的幸福
巧克力布朗尼蛋糕

061 沉默的爱
　　柠檬芝士蛋糕

063 青涩的爱恋
　　抹茶开心果蛋糕

065 留恋你的人
　　榴莲芝士蛋糕

067 好人一生平安
　　苹果查洛地慕斯蛋糕

069 你是我的唯一
　　芒果乳酪蛋糕

071 厚重的爱
　　咖啡核桃蛋糕

073 此物最相思
　　抹茶红豆蛋糕

075 美好的回忆
　　喜多罗内蛋糕

077 养颜护肤
　　葡萄紫米蛋糕

079 润肺护肤
　　松仁巧克力蛋糕

081 入口即化的美味
　　乳酪舒芙蕾蛋糕

083 甜甜的爱恋
　　蜜桃雪霜蛋糕

085 心海微澜
　　香芋芝士蛋糕

086 独特滋味
　　蓝莓巧克力蛋糕

088 诱人的醇香
　　咖啡可可米蛋糕

090 不一样的感觉
　　覆盆子乳酪蛋糕

092 异国情调
　　白朗姆乳酪蛋糕

094 健脑美食
　　核桃摩卡蛋糕

096 浓浓的爱恋
　　咖啡香草蛋糕

098 清心宁神
　　百香果芝士蛋糕

100 迷人的饭后小甜点
　　百香巧克力蛋糕

102 止咳养颜
　　梨子查洛地慕斯蛋糕

105 香软可口
　　日式烤芝士蛋糕

107 酸甜可口
　　蔓越莓烤芝士蛋糕

109 生津止渴
　　黄桃芝士蛋糕

111 好吃不腻
　　抹茶芝士蛋糕

112 法兰西的浪漫
　　法式烤芝士蛋糕

114 纯粹的香醇
　　原味重芝士蛋糕

116 清凉提神
　　薄荷椰浆芝士蛋糕

Part 3
中级蛋糕制作

120 难忘的味道
　　欧式草莓饼干蛋糕

121 缤纷水果
　　欧式水果圆形蛋糕

122 热情如火欧式水果
　　火焰形巧克力蛋糕

123 赶走灰色心情
　　欧式水果巧克力块蛋糕

124 往事随风欧式水果
　　巧克力烟囱蛋糕

125 情定今生
　　欧式水果指环蛋糕

126 花样年华
　　欧式草莓巧克力花蛋糕

127 绽放的青春
　　欧式奶油花蛋糕

129 青春的波动
　　草莓柠檬蛋糕

131 浪花朵朵
　　柠檬奶油蛋糕

133 笑逐颜开
　　巧克力黄粉蛋糕

135 热情缤纷
　　柠檬果膏蛋糕

137 花样年华
　　水果奶油蛋糕

139 步步为营
　　香橙奶油蛋糕

141 花的时代
　　绿粉奶油水果蛋糕

143 夏日风情
　　蓝莓黄粉蛋糕

144 天天向上
　　哈密瓜奶油蛋糕

146 梦幻城堡
　　蓝莓水果蛋糕

148 爆发的力量
　　双色果膏蛋糕

151 加菲猫的快乐时光
　　柠檬果膏蛋糕

153 执子之手
　　巧克力草莓蛋糕

155 小狗乐乐
　　巧克力黄粉蛋糕

157 小笨象
　　香橙果膏蛋糕

159 北极雪人
　　柠檬果膏蛋糕

161 霹雳小老虎
　　香橙黄粉蛋糕

163 悠闲的小狗
　　天蓝果膏蛋糕

165 小猪胖胖
　　香橙水果蛋糕

167 寿比南山
　　草莓果膏蛋糕

169 快乐北极熊
　　水果奶油蛋糕

171 生命之水
　　威士忌蛋糕

173 甜蜜的爱情
　　香槟蜜桃蛋糕

175 雨后见彩虹
　　肉桂开心果蛋糕

177 浓情蜜意
　　南瓜香草奶油蛋糕

179 情深似海
　　加勒比海蛋糕

181 双城变奏曲
　　草莓芒果慕斯蛋糕

182 酸甜人生
　　覆盆子手指蛋糕

184 热带风情
　　香蕉乳酪蛋糕

186 神圣的爱
　　西番莲巧克力蛋糕

188 深情的依恋
　　杏仁巧克力蛋糕

190 爱护你的肾
　　兰姆板栗蛋糕

192 心如磐石
　　巧克力大理石蛋糕

194 相知相守
　　蛋黄黑加仑蛋糕

196 清爽伊人
　　薄荷萝芙岚蛋糕

198 温暖的回忆
　　彩虹柳橙蛋糕

200 心里只有你
　　榛果香蕉夹心蛋糕

203 水晶之恋
　　杏仁慕斯蛋糕

204 纯洁的爱情
　　白玫瑰慕斯蛋糕

206 吉祥如意
　　曼达琳慕斯蛋糕

208 心心相印
　　黛希慕斯蛋糕

210 完美无缺
　　菠萝椰奶慕斯蛋糕

Part 4

高级蛋糕制作

215 满满的幸福
　　欧式草莓巧克力花篮蛋糕

217 宠物宝宝
　　奶油巧克力蛋糕

219 米奇老鼠
　　水果奶油蛋糕

221 可爱的哆啦A梦
　　蓝莓巧克力蛋糕

223 诺曼底之恋
　　奶油巧克力蛋糕

225 天使之恋
　　巧克力水果蛋糕

227 虎虎生威
　　奶油巧克力蛋糕

229 期待爱的小熊
　　奶油巧克力蛋糕

230 欢快的跳跳虎
　　奶油巧克力蛋糕

232 活泼可爱的小熊猫
　　白巧克力蛋糕

234 加菲猫的乐园
　　巧克力水果蛋糕

236 快乐喜羊羊
　　哈密瓜巧克力蛋糕

238 法兰西之恋
　　草莓果膏蛋糕

240 难忘圣诞节
　　香橙果膏蛋糕

242 聪明的史努比
　　柠檬果膏蛋糕

244 果味唐老鸭
　　巧克力水果蛋糕

246 可爱流氓
　　兔蓝莓果膏蛋糕

248 小男孩的美好时光
　　巧克力奶油蛋糕

250 寿比南山
　　草莓果膏蛋糕

252 维尼熊的世界
　　鲜奶水果蛋糕

254 跳动的旋律
　　草莓慕斯蛋糕

PART 1 蛋糕制作

基础知识

做蛋糕是一件很困难的事情吗？其实不然。本书对零基础的人特别适用：详细介绍了蛋糕的制作原料、制作工具及一些制作蛋糕的基本知识等，让你对蛋糕制作不再陌生。只要认真实践，你也能很快制作出属于你的蛋糕！

制作蛋糕的基本原料

下面为你介绍的这些原料都是制作蛋糕时经常要用到的，很容易就可以买到，不妨了解一下。

玉米淀粉

在做蛋糕时放入少量玉米淀粉，可降低面粉筋度，增加蛋糕松软的口感。

砂糖

也称作细砂糖，是制作蛋糕最主要的材料。

吉利丁

又称明胶或鱼胶，是从动物的骨头提炼出来的胶质，具有凝结作用，有粉状和片状两种不同形态，使用时需要提前用水浸泡。

乳制品

乳制品中含有具有还原性的乳糖，在烘焙过程中，乳糖与蛋白质中的氨基酸发生褐变反应，可以形成诱人的色泽。

鸡蛋

蛋糕里加入鸡蛋，能利用鸡蛋中的水分参与构建蛋糕的组织，令蛋糕美味松软。

面粉

面粉是制作甜点最主要的原料，品种繁多，在使用时要根据需要进行选择。

以上就是基本的蛋糕制作原料，只要运用得当，就可制作出美味的蛋糕了。

制作蛋糕的基本工具

除了备齐原料，制作蛋糕还少不了工具的帮助。下面为你介绍的都是制作蛋糕的常用工具。

打蛋机又称搅拌机，可以将鸡蛋的蛋清和蛋黄充分打散融合成蛋液，可使搅拌更加快速、均匀。

注意事项：

机器工作时要保持平稳，不可晃动，不可以用水冲洗机器。

不锈钢盆用于装盛液体材料，使材料易于搅拌。

注意事项：

每次用完后应清洗干净。

量杯杯壁上有容量标示，可用来量取液体材料，如水、油等，通常有大小尺寸可供选择。

注意事项：

❶ 读数时要注意刻度。

❷ 不能作为反应容器。

❸ 量取时要选用适合的量程。

模具大小、形状各异，不同形状的蛋糕制作时应选取对应的模具。

注意事项：

应选择大小合适的模具，并注意保持模具的清洁。

发酵箱为面团醒发专用，能按要求控制温度和湿度。发酵箱的工作原理是靠电热管将水槽内的水加热蒸发，使面团在一定温度和湿度下充分地发酵、膨胀。

注意事项：

不要人为地先加热后加湿，这样会使湿度开关失效。

各种刀具用来切割蛋糕，抹蛋油和果酱等。

注意事项：

保持刀具的清洁，防止生锈。

烤箱可以烘烤各式蛋糕，建议购买上下火可分开调温的烤箱。

注意事项：

❶ 使用完毕后需要清洁烤箱外面。

❷ 清洁烤箱内残留物。

蛋糕制作常见问题的
解决方法和制作关键

蛋糕见证了人们生活中很多快乐的时光：生日、节日、庆典、婚礼等，都有美味蛋糕的身影。爱制作蛋糕的你，可能在制作蛋糕的过程中会遇到各种问题，接下来就教你怎样解决这些问题。

1. 制作蛋糕的常见问题及解决方法

打蛋糕糊时，蛋糕油沉底变成硬块

解决方法：

先把糖打至溶化，再加入蛋糕油，快速打散，这样就可防止蛋糕油沉底。

蛋糕轻易断裂而且不柔软

解决方法：

主要是配方中的蛋和油不够，要适当增加配方中蛋和油的分量。

蛋糕烤出来变得很白

解决方法：

是由于烘烤过度引起的，调节炉温或烘烤时间可以解决这一问题。

蛋糕内部组织粗疏

解决方法：

主要和搅拌有关，应当在高速搅拌后慢速排气。

蛋糕出炉后凹陷或回缩

解决方法：

❶ 烤箱的温度最好能均匀散布，这样可使蛋糕受热相对均匀；

❷ 炉温要把握正确，用较高的炉温烘烤，后期炉温调低，延长烘烤时间，使蛋糕中央的水分与周边差别不太大；

❸ 在蛋糕尚未定型之前，不能打开炉门；

❹ 出炉后立刻脱离烤盆，翻过来冷却；或出炉时，搬起烤盆拍打地板，使蛋糕受一次较大的震动，以减少后期缩减。

蛋糕没有韧性

解决方法：

蛋的用量是影响蛋糕韧性的主要因素，适当增加蛋的用量，才能提高蛋糕韧性。

蛋糕烤出来很硬

解决方法：

❶ 面粉搅拌时间过长，使面粉起筋，搅拌时间应适当；

❷ 配方中蛋的用量太少，应适当增加鸡蛋的用量；

❸ 配方中面粉太多，应适当减少；

❹ 炉温低，烤的时间长，应适当控制烘烤的温度和烘烤时间；

❺ 鸡蛋没有完全打发，应将鸡蛋完全打发。

蛋糕内有大孔洞

解决方法：

❶ 配方用糖太多，糖的用量应严格参照配方；

❷ 蛋糕糊未搅拌均匀，应将蛋糕糊搅匀；

❸ 泡打粉和面粉没有过筛；

❹ 面糊水分不够，太干，应增加面糊的水分；

❺ 烘烤时底火太大，应将底火调到合理的温度。

蛋糕打蛋白糊时打不发

解决方法：

打蛋白时，蛋糕桶要洗干净，绝不能有油脂。

2. 蛋糕制作过程中的关键因素

在蛋糕制作的过程中，有许多需要引起注意的地方和关键步骤，如果掌握不好，将直接导致操作的失败。所以，一定要引起重视。

注意事项：

❶ 搅拌容器要干净，否则蛋清会变得像水一样，还会直接影响产品的保鲜期。

❷ 打鸡蛋时，最好将鸡蛋外壳先洗一下。

❸ 如遇到冬季气温低时，可在打蛋机的搅拌缸底下加一大盆温水，使鸡蛋温度适当升高，这样有利于蛋浆液快速起泡和防止烤熟后底下沉淀结块。但应注意温度不可过高，如超过60℃时蛋清会发生变性，从而影响起发，一般以触摸时不烫手为度。

❹ 蛋糕油一定要在快速搅拌前加入，这样能使蛋糕油不沉底变成硬块。

❺ 液体的加入。当蛋浆太浓稠或配方面粉比例过高时，可在慢速搅拌时加入适量的水。如在最后加入，尽量不要一次性倒下去，以免破坏蛋液的气泡，使体积下降。

❻ 为了使蛋糕的口感更佳，在配方中可以加入适量的淀粉，一定要将其与面粉一起过筛加入，否则搅拌不均会导致蛋糕未出炉就下陷。另外淀粉的添加也不能超过面粉的1/4。

❼ 泡打粉也一定要与面粉一起过筛，使其充分混合，否则会造成蛋糕表皮出现麻点，部分地方有苦涩味。

❽ 用手指轻挑蛋液判断蛋浆的起发终点。如感觉手指有很大阻力，挑起很长的浆料，则还未打发；相反如手指挑起过于轻薄，没有很短的尖锋带出，则有点过了。

❾ 倒油时忌一次快速倒下去,这样会造成浆料下沉和下陷,因为油会快速消泡。

蛋糕原材料打发的方法

要成就蛋糕的柔软芬芳与唯美造型，材料的打发是最重要的因素。无论是蛋白打发、全蛋打发，还是装饰鲜奶油的打发，所有的"打发"在蛋糕制作过程中都很重要。现在，就让我们一起学习如何打发。

蛋白打发

要制作出美味的蛋糕，蛋白打发是重要的因素之一，对于初学者而言，只要能打出漂亮的蛋白，就离成功不远了，以下是蛋白打发的窍门：

❶ 选新鲜鸡蛋的蛋清，不能沾水、蛋黄和油，冬天用 40℃ 左右的温水放在打蛋机的搅拌缸下，打前滴几滴白醋。

❷ 夏天要把蛋白放冰箱冷藏。

❸ 在鸡蛋冷却的时候将蛋清和蛋黄分开，因为此时蛋黄比较坚硬，不容易破碎。如果留下少许蛋黄，蛋清的搅拌效果就不会太好。

蛋白打发的三大关键：

❶ 加入砂糖。蛋白要置于干净、无油、无水的圆底容器中，利用打蛋机顺同一方向搅打，等出现大量泡沫时，可以将砂糖分次加入蛋白中，以帮助蛋白起泡打入空气，增加蛋白泡沫的体积。

❷ 湿性发泡。蛋白一直搅打，细小的泡沫会越来越多，直到全部成为如同鲜奶油般的雪白泡沫，此时将打蛋机举起，蛋白泡沫仍会自搅拌器滴下来，此阶段称为"湿性发泡"，适合用于制作天使蛋糕。

❸ 干性发泡（或称硬性发泡）。湿性发泡再继续打发，至打蛋机举起后蛋白泡沫不会滴下的程度，为"干性发泡"，此阶段的蛋白糊适合用来制作戚风蛋糕，或者是柠檬派上的装饰蛋白。

全蛋打发

全蛋因为含有蛋黄的油脂成分，会阻碍蛋白打发，但因为蛋黄除了油脂还含有卵磷脂及胆固醇等乳化剂，在蛋黄与蛋白比例为 1：2 时，蛋黄的乳化作用增加，很容易与蛋白和包入的空气形成黏稠的乳状泡沫，所以仍然可以打发出细致的泡沫，是蛋糕的主要做法之一。下面是全蛋打发的要点：

❶ 拌匀加温。全蛋打发时因为蛋黄含有油脂，所以在速度上不如蛋白打发迅速，若是在打发之前先将蛋液稍微加温至 38~43℃，即可降低蛋黄的稠度，并加速蛋液起泡。将细砂糖与全蛋混合拌匀，再置于炉火上加热，加热时必须不断搅拌，以防材料受热不均。

❷ 泡沫细致。用打蛋机不断快速拌打至蛋液开始泛白，泡沫开始由粗大变得细致，而且蛋液体积也变大，以搅拌器捞起泡沫，泡沫仍会往下滴。

❸ 打发完成。慢速搅打片刻之后，泡沫颜色将呈现泛白乳黄色，且泡沫亦达到均匀细致、光滑稳定的状态，以搅拌器捞起，泡沫稠度较大且缓缓流下，此时即表示打发完成，可以准备加入过筛面粉拌匀成面糊。

奶油打发

奶油打发中的注意事项：

❶ 将未打发的奶油放于 2~7℃冷藏柜内 24~48 小时，待完全解冻后取出。

❷奶油打发前的温度不应高于 10℃，不应低于 7℃，否则都会影响奶油的稳定性和打发量。

奶油打发的三大关键：

❶ 奶油回温。奶油冷藏或冷冻后，质地都会变硬。退冰软化的方法，就是取出置于室温下待其软化，奶油只要软化到用手指稍用力按压可以轻易压出凹陷的程度就可以。

❷ 与糖调匀。用打蛋机将奶油打发至体积膨大、颜色泛白，再将糖粉与盐都加入奶油中，继续以打蛋机拌匀至糖粉完全融化、面糊质地光滑。

❸ 打发完成。完成后的面糊应光滑细致，呈淡黄色，将打蛋机举起，奶油面糊不会滴下。这一款的面糊适用于重奶油蛋糕的制作，加入不同的香料与馅料调配，即变成不同口味的膨松蛋糕了。

鲜奶油打发

鲜奶油是用来装饰蛋糕与制作慕斯类甜点不可缺少的材料，由牛奶提炼而成的浓稠鲜奶油，包含高达 27%~38% 不等的脂肪含量，搅打时可以包入大量空气而使体积膨胀至原来的数倍，打发至不同的软硬度，也有不同的用途。打发时的注意事项如下：

❶ 垫冰块。在容器底部垫冰块，是为了使鲜奶油保持低温状态以帮助打发，尤其在炎热的夏季。再者搅打时会因摩擦产生热能，所以必须利用冰块来降温，以免造成鲜奶油因热融化而无法打发的状况，冬季无需此步骤。

❷ 六分发。手持搅拌器顺同一方向拌打数分钟后，鲜奶油会松发成为具浓厚流质感的黏稠液体，此即所谓的六分发，这种奶油适合制作慕斯、冰淇淋等甜点。

❸ 九分发。打至九分发的鲜奶油最后会完全成为固体状，若用刮刀刮取鲜奶油，完全不会流动，此即所谓的九分发。九分发的鲜奶油只适合用来制作装饰挤花。

低调的奢华
奶油蛋糕体

所需时间 60 分钟左右

材料 Ingredient

低筋面粉	125克
土豆粉	125克
泡打粉	5克
奶油	250克
糖	250克
香草粉	少许
鸡蛋	4个
柠檬皮	5克
牛奶	15克

制作指导

馅粉倒入模具不能太满，八分满即可，否则烘烤过程中会溢出。

做法 Recipe

1 将奶油和糖打至发白膨松。

2 分次加入鸡蛋拌匀。

3 加入柠檬皮拌匀。

4 加入过筛的低筋面粉、土豆粉、泡打粉、香草粉、糖拌匀。

5 分次加入牛奶拌匀。

6 将步骤5倒入模具中，抹平。

7 放入烤箱，以180℃烤45分钟。

8 出箱，冷却后再脱模即可。

一抹风情
欧机主教蛋糕体

所需时间
30 分钟左右

材料 Ingredient

蛋白	100克
糖	66克
玉米淀粉	20克
全蛋	67克
蛋黄	24克
糖粉	34克
低筋面粉	34克

制作指导

将圆头嘴装入挤袋，再装入步骤1原料，挤出间距相等的长条状。

做法 Recipe

1 将蛋白打至粗泡，分次加入1/3糖、玉米淀粉，快速打至硬鸡尾状，装裱花袋备用。

2 将步骤1原料等间距挤入垫有高温布的烤盘中。

3 将蛋黄、全蛋打均匀。

4 加入剩余糖打至浓稠。

5 加入低筋面粉拌匀，装裱花袋备用。

6 将步骤5挤入步骤2的间隔中。

7 在表面筛上糖粉。

8 以160℃烤15分钟左右出烤箱即可。

生津润燥
柠檬蛋糕体

所需时间
30 分钟左右

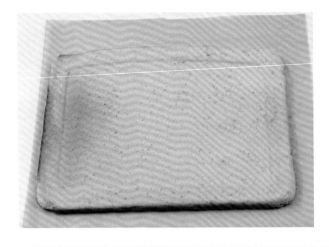

材料 Ingredient

蛋黄	180克
白砂糖	120克
酸奶	76克
柠檬（皮屑）	2个
低筋面粉	115克
泡打粉	2克
融化奶油	45克

制作指导
　　融化奶油温度要保持在40℃左右。

做法 Recipe

1 将蛋黄加白砂糖打发至浓稠。

2 将酸奶加入步骤1中拌匀。

3 将柠檬皮屑加入步骤2中拌匀。

4 将过筛的低筋面粉、泡打粉加入步骤3中拌匀。

5 将融化的奶油加入步骤4中拌匀。

6 将步骤5的面糊倒入垫纸烤盘中抹平。

7 将步骤6放入160℃的烤箱中烤20分钟左右至呈金黄色。

8 将烤好的步骤7出烤箱后倒扣冷却即可。

关爱你的肺
杏仁蛋糕体

所需时间
30 分钟左右

材料 Ingredient

全蛋	125克
糖粉	50克
杏仁粉	88克
低筋面粉	13克
玉米淀粉	13克
无盐奶油	40克
蛋白	163克
糖	78克

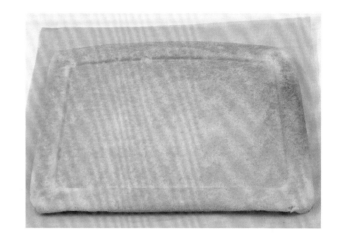

制作指导

　烤至表面上色后就要降低温度。

做法 Recipe

1 将全蛋、糖粉拌均匀。

2 加入杏仁粉、低筋面粉和玉米淀粉搅拌至浓稠。

3 将无盐奶油隔水加热至融化。

4 将步骤3加入步骤2中拌匀。

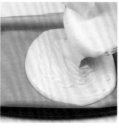

5 将蛋白加糖打发至中性偏硬（硬鸡尾状）。

6 将步骤5分次加入步骤4中拌匀。

7 将步骤6倒入垫纸的烤盘中，放入160℃的烤箱中烤20分钟左右。

8 出箱，倒扣冷却即可。

肾好，身体好

板栗蛋糕体

所需时间
30 分钟左右

材料 Ingredient

无盐奶油	110克
板栗蓉	240克
糖	159克
蛋黄	120克
全蛋	150克
泡打粉	6克
低筋面粉	30克

制作指导

蛋糊中加入粉类拌匀时要用慢速，否则易起筋和消泡。

做法 Recipe

1 将无盐奶油隔热水融化，加入糖拌匀。

2 加入板栗蓉拌成泥糊。

3 将蛋黄、全蛋打散后加入砂糖，快速打至黏稠。

4 加入过筛的低筋面粉、泡打粉拌匀。

5 将步骤4分次加入步骤2中拌匀。

6 将步骤5倒入垫纸的烤盆中抹平。

7 进烤箱，以160℃烤18分钟。

8 出烤箱，把蛋糕体倒扣在冷却网上，取走烤盆即可。

吃一块，更提神
黑巧克力蛋糕体

所需时间
35 分钟左右

材料 Ingredient

黑巧克力	125克
鲜奶油	50克
无盐奶油	100克
全蛋	5个
白砂糖	200克
低筋面粉	35克
泡打粉	5克
可可粉	50克

制作指导

巧克力和鲜奶油融化时要朝一个方向搅拌，否则巧克力返砂。

做法 Recipe

1 将鲜奶油、黑巧克力隔热水拌至融化。

2 加入无盐奶油拌至融化。

3 将全蛋、白砂糖快速打至浓稠、发白。

4 将步骤2加入其中一起拌匀。

5 加入一起过筛的低筋面粉、泡打粉、可可粉。

6 将步骤5倒入垫了纸的烤盘中抹平。

7 进烤箱，以160℃烤20分钟。

8 出烤箱，倒扣在冷却网上，取走烤盘即可。

巧克力糕点的国王
沙哈蛋糕体

所需时间 30 分钟左右

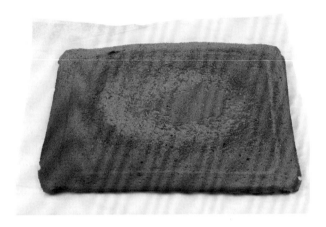

材料 Ingredient

无盐奶油	83克
糖	125克
蛋黄	67克
巧克力	83克
蛋白	134克
低筋面粉	83克
淡奶油	75克

制作指导

　　将蛋黄加入打发奶油中时要分次加，每加一次要完全拌至融合后再加下一次，否则蛋黄跟油容易分离。

做法 Recipe

1 将无盐奶油加25克糖打发。将蛋黄分次加入拌匀。

2 将巧克力切碎后加淡奶油隔热水融化，冷却至40℃备用。

3 将步骤2加入步骤1中拌匀。

4 将蛋白加100克糖打至温性起发，分2次加入步骤3中拌匀。

5 将过筛的低筋面粉加入步骤4中拌匀即成巧克力面糊。

6 将步骤5倒入垫纸烤盘中抹平。

7 将步骤6放入180℃烤箱中烤20分钟左右。

8 出烤箱，倒扣晾凉即可。

待客的必备甜点
布朗尼蛋糕体

所需时间
35 分钟左右

材料 Ingredient

苦甜巧克力	150克
无盐奶油	150克
蛋黄	3个
核桃碎	90克
高筋面粉	68克
蛋白	3个
糖	120克

制作指导

蛋白不要打太发，湿性起发即可。

做法 Recipe

1 将苦甜巧克力隔热水融化，再将无盐奶油加入拌匀。

2 在蛋黄中加入30克糖，打至发白后加入步骤1中搅拌均匀。

3 在蛋白中加入90克糖打发至呈软鸡尾状。

4 将步骤3分次加入步骤2中拌匀。

5 将高筋面粉过筛后，和核桃碎一起加入步骤4中拌匀。

6 将步骤5倒入垫纸的烤盘中抹平。

7 将步骤6放入烤箱，以190℃烤25分钟左右。

8 出烤箱，倒扣在冷却网上，待凉即可。

西点店的"常青"产品

瑞士卷轻彼士裘伊蛋糕体

所需时间
25 分钟左右

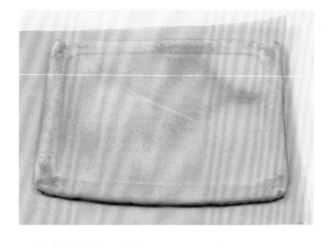

材料 Ingredient

蛋黄	72克
全蛋	180克
糖	200克
转化糖浆	5克
低筋面粉	90克
融化牛油	50克

制作指导

全蛋、蛋黄搅拌后温度要达至40℃左右，否则加入牛油容易结晶沉淀。

做法 Recipe

1 将蛋黄、全蛋隔温水打散，加入糖、转化糖浆打至发白浓稠。

2 加入过筛的低筋面粉拌匀。

3 加入融化的牛油拌匀。

4 将步骤3倒入垫纸的烤盘中抹平。

5 进烤箱，以160℃烤18分钟。

6 出烤箱，倒扣在冷却网上，取走烤盘即可。

香浓咖啡味

咖啡杏仁彼士裘伊蛋糕体

所需时间
30 分钟左右

材料 Ingredient

糖	126克
蛋黄	100克
杏仁粉	75克
浓缩咖啡精	13克
低筋面粉	63克
玉米淀粉	63克
蛋白	150克

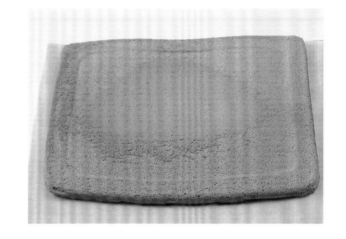

制作指导

浓缩咖啡精可用即溶咖啡粉和水按1：1调匀。

做法 Recipe

1 将适量糖和蛋黄搅拌均匀。

2 将杏仁粉加入步骤1中拌匀后，先慢后快打发至浓稠。

3 将浓缩咖啡精加入后拌匀。

4 将蛋白快速打起粗泡，分次加入剩余的糖，搅拌至中性偏干起发。

5 将步骤4的蛋白霜分次加入步骤3中拌匀。

6 将低筋面粉和玉米淀粉过筛后，加入步骤5中拌匀。

7 将步骤6倒入垫纸烤盘，抹平，在烤箱中以180℃烤20分钟左右。

8 出烤箱，倒扣放凉备用即可。

法式少女酥胸
马卡龙饼干

所需时间
25 分钟左右

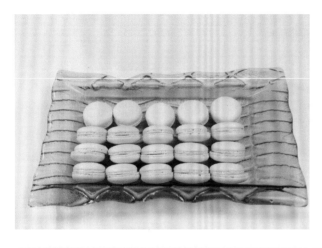

材料 Ingredient

杏仁粉	75克
糖粉	138克
塔塔粉	少许
糖	63克
盐	少许
蛋白	63克

制作指导

烤6~8分钟饼干起层后要关掉面火，用底火继续烤至底部干燥不黏。

做法 Recipe

1 将蛋白快速打至粗泡状。

2 将糖、塔塔粉和盐分2次加入步骤1中，搅拌至呈硬鸡尾状。

3 将步骤2慢速搅拌至光滑细腻。

4 将步骤3刮入盆内，分次加入过筛的杏仁粉、糖粉拌匀。

5 将步骤4再充分拌至能顺畅地慢慢流下即可。

6 将步骤5装入挤袋，挤出小圆点在垫高温布的烤盘上抹平。

7 将步骤6放入温度为150℃的烤箱中烘烤。

8 烤15分钟左右出烤箱，放凉脱模备用即可。

直角坯

所需时间
5 分钟左右

材料 Ingredient

蛋糕体　　　　1个
奶油　　　　　150克

制作指导

　　在刮蛋糕侧面时，不可随意变换身体和双手的位置，尤其是转转盘那只手的位置。

做法 Recipe

1 在蛋糕面上涂上一层奶油。

2 刀子向下压，旋转转盘，把奶油铺到蛋糕边上。

3 将抹刀竖直90°，转动转盘，把侧面奶油抹平。

4 用三角刮板在边上刮出齿纹。

5 将抹刀倾斜，把蛋糕高出平面的奶油刮平。

6 将抹刀放平，抹平蛋糕面。将蛋糕底部多出的奶油刮干净即可。

空心坯

所需时间
5 分钟左右

材料 Ingredient

蛋糕体	1个
奶油	150克

制作指导

要先将蛋糕底掏空。

做法 Recipe

1 在蛋糕上涂上一层奶油。

2 将抹刀向下压，把奶油推向边缘。

3 让抹刀竖直90°，将侧面的奶油抹平。

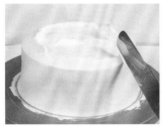

4 将刀子倾斜，把高出平面的奶油刮平。

5 将抹刀放平，把蛋糕面的奶油抹平。

6 将抹刀放在圆心，垂直90°，将中间的空心部分奶油挖出来即可。

圆坯

所需时间
5 分钟左右

材料 Ingredient

蛋糕体	1个
奶油	150克

做法 Recipe

1 在蛋糕上涂上一层奶油。将抹刀向下压，转动转盘，将奶油刮到边缘。

2 让抹刀垂直，将侧面的奶油刮平。

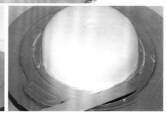

3 用胶板刮成半圆形。用抹刀把蛋糕底部多出的奶油刮干净即可。

柠檬橙糖片

所需时间
60 分钟左右

材料 Ingredient

柠檬	2个
糖	100克
水	100克
橙子	1个

做法 Recipe

1 将糖、水混合拌匀，再煮成糖浆。

2 放入柠檬片、橙子片煮至柠檬片上糖色。

3 进烤箱，以100℃烤干即可。

PART 2 初级

蛋糕制作

　　本章挑选的蛋糕，用的材料较少，制作起来也较为简单，比较适合入门者。认真练习，即可轻松制作出来。赶紧动手吧！

酸酸甜甜

欧式草莓巧克力蛋糕

所需时间
15 分钟左右

材料 Ingredient

蛋糕体	1个
草莓等水果	适量
鲜奶油	150克
巧克力花	适量
巧克力旋片	适量

制作指导

　　放水果时，同种颜色的水果要放一起，否则会影响蛋糕的整体效果。

做法 Recipe

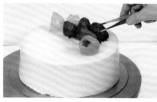

1 用鲜奶油抹好一个直角蛋糕，摆上各种水果装饰。

2 将巧克力花放在蛋糕面上，周围摆上巧克力旋片。

3 在蛋糕侧面贴上半圆形的巧克力旋片即可。

双色巧克力
欧式水果巧克力蛋糕

所需时间
15 分钟左右

材料 Ingredient

蛋糕体	1个	巧克力配件	适量
草莓等水果	适量	镜面果膏	适量
鲜奶油	150克	马卡龙饼干	1个
糖粉	15克		

制作指导

　　摆水果时要尽量把水擦干，不然水渗入蛋糕底，会影响存放时间。

做法 Recipe

1 用鲜奶油抹好一个直角蛋糕，在面上摆上各种水果装饰。

2 插上巧克力装饰片及马卡龙饼干，撒上防潮糖粉。

3 在水果面扫上镜面果膏即可。

滋补调理

欧式草莓圆环蛋糕

所需时间
15 分钟左右

材料 Ingredient

蛋糕体	1个	镜面果膏	适量
鲜奶油	150克	糖粉	15克
草莓等水果	适量		
巧克力配件	适量		

制作指导

抹坯体的奶油不可太发，否则直坯表面不光滑。

做法 Recipe

1 用鲜奶油抹好蛋糕体，摆上圆形巧克力片、草莓。

2 在水果面上扫上镜面果膏，摆上巧克力旋条。

3 在水果上撒上防潮糖粉即可。

浓郁香醇
欧式可可蛋糕

所需时间
15 分钟左右

材料 Ingredient

蛋糕体	1个	糖粉	15克
草莓等水果	适量	巧克力配件	适量
鲜奶油	150克	镜面果膏	适量
可可粉	10克	马卡龙饼干	适量

制作指导

撒糖粉时不要撒太多，撒均匀即可。

做法 Recipe

1 用鲜奶油抹好蛋糕，撒上可可粉和糖粉，在蛋糕面上摆巧克力片及草莓。

2 在蛋糕侧面贴上巧克力片，正面摆上马卡龙饼干。

3 在水果面扫上镜面果膏即可。

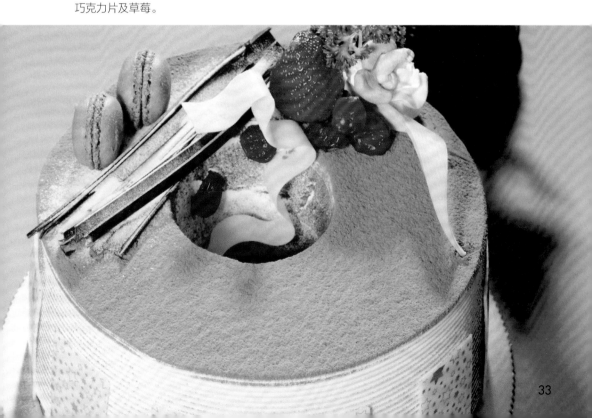

淡淡柠檬香

欧式柠檬草莓蛋糕

所需时间
15 分钟左右

材料 Ingredient

蛋糕体	1个	马卡龙饼干	2个
鲜奶油	150克	巧克力配件	适量
柠檬果膏	适量	草莓等水果	适量
镜面果膏	适量		

制作指导

放水果后要扫上镜面果膏，否则水果会变色。

做法 Recipe

1 用鲜奶油抹蛋糕体，淋上柠檬果膏，摆上杨桃、草莓。

2 搭配其他水果和马卡龙饼干。

3 摆上各种巧克力配件，扫上镜面果膏即可。

充满春天的味道

欧式香橙奶油蛋糕

所需时间
15 分钟左右

材料 Ingredient

蛋糕体	1个	巧克力果膏	适量
鲜奶油	150克	香橙果膏	适量
巧克力配件	适量	马卡龙饼干	1个

制作指导

挤线条时要用力一次挤出，不可断开。

做法 Recipe

1 用鲜奶油抹蛋糕体，淋上香橙果膏，挤上巧克力线条。

2 将做好的两朵巧克力花插在蛋糕面上。

3 在巧克力花边插上巧克力叶子，侧面摆上巧克力装饰片，正面放上马卡龙饼干即可。

润肺养颜
欧式杏仁草莓蛋糕

所需时间
15 分钟左右

材料 Ingredient

蛋糕体	1个
鲜奶油	150克
杏仁片	适量
草莓等水果	适量
糖粉	15克
巧克力配件	适量

制作指导

放水果时要垫上少许奶油，否则会滑落。

做法 Recipe

1 用鲜奶油抹好蛋糕体，侧面沾上杏仁片。

2 在蛋糕面上围上一圈鲜草莓。

3 摆上巧克力片等装饰及马卡龙饼干。

4 在水果上撒上防潮糖粉即可。

白色情人节的礼物

欧式草莓白巧克力蛋糕

所需时间
15 分钟左右

制作指导

　　放巧克力配件时要尽可能少用手直接接触，否则巧克力配件会融化。

材料 Ingredient

蛋糕体	1个
鲜奶油	150克
草莓等水果	适量
镜面果膏	适量
绿色巧克力片	适量
马卡龙饼干	3个

做法 Recipe

1 用鲜奶油抹好蛋糕体，侧面摆上方形的绿色巧克力片。

2 在半边蛋糕边摆上草莓。

3 摆上其他水果、巧克力配件、马卡龙饼干。

4 在水果面上扫上镜面果膏即可。

动感风潮
欧式草莓五环蛋糕

所需时间
15 分钟左右

材料 Ingredient

蛋糕体	1个
草莓等水果	适量
糖粉	15克
鲜奶油	150克
巧克力花	1朵
黑、白巧克力配件	适量

制作指导

用镊子放巧克力配件时不要太用力，否则巧克力配件会碎掉。

做法 Recipe

1 用鲜奶油抹好蛋糕体，蛋糕面摆上水果装饰。

2 将巧克力花摆放在蛋糕面上。

3 在巧克力花上撒上防潮糖粉。

4 在蛋糕侧面贴上黑、白巧克力配件装饰即可。

精致女人的甜点
欧式草莓花儿蛋糕

所需时间
15 分钟左右

制作指导

　　摆巧克力花时，应由大到小排列，才能显示出层次感。

材料 Ingredient

蛋糕体	1个
草莓等水果	适量
鲜奶油	150克
巧克力配件	适量
马卡龙饼干	1个

做法 Recipe

1 用鲜奶油抹好一个直角蛋糕体，在面上摆上草莓。

2 在草莓旁，插上做好的巧克力花。

3 在巧克力花旁插上巧克力配件及其他水果。

4 在巧克力花周围放上绿色的巧克力旋片及马卡龙饼干等即可。

网住幸福
欧式水果网格蛋糕

所需时间
15 分钟左右

材料 Ingredient

蛋糕体	1个
鲜奶油	150克
弧形巧克力片	适量
巧克力条	适量
草莓等水果	适量

制作指导

要将橙色巧克力条和白色巧克力贴起来，否则会滑动。

做法 Recipe

1 用鲜奶油抹好蛋糕体，放上橙色巧克力条。

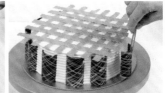

2 在蛋糕侧面摆上弧形巧克力片。

3 将做好的巧克力花粘上去。

4 摆上水果、巧克力条即可。

浪漫女人花
欧式花型蛋糕

所需时间
15 分钟左右

制作指导

巧克力要先在冰箱冻过才能刮出巧克力碎。

材料 Ingredient

蛋糕体	1个
鲜奶油	150克
巧克力碎	适量
马蹄莲巧克力花	6朵
巧克力片	适量
绿色巧克力旋片	适量

做法 Recipe

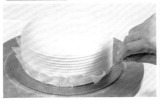

1 用鲜奶油抹好一个圆形蛋糕体,侧面围上巧克力片。

2 撒上些许巧克力碎。

3 将马蹄莲巧克力花装饰上去。

4 在巧克力花周围放上绿色的巧克力旋片即可。

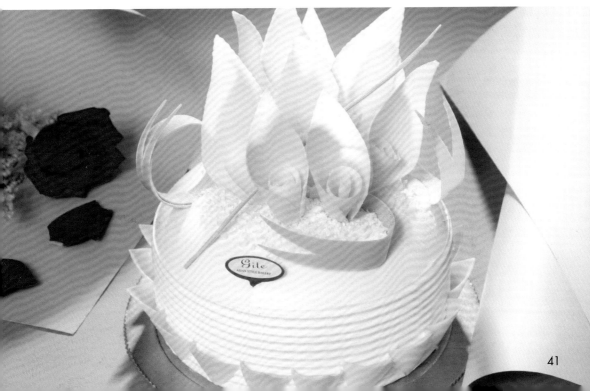

公主情结

欧式白雪公主蛋糕

所需时间
15 分钟左右

材料 Ingredient

蛋糕体	1个
鲜奶油	150克
巧克力配件	适量
可可粉	适量

制作指导

摆巧克力配件时，要从蛋糕的收口处摆起，这样才能把配件摆均匀。

做法 Recipe

1 用鲜奶油抹好蛋糕体，撒上可可粉防潮。

2 在蛋糕面摆上巧克力条装饰。

3 摆上做好的巧克力花和绿色的巧克力条装饰。

4 在蛋糕侧面贴上空心的巧克力环即可。

赤诚之心
欧式草莓甜蜜蛋糕

所需时间
20 分钟左右

制作指导

水果的大小最好一样，这样做出的蛋糕更美观。

材料 Ingredient

蛋糕体	1个
鲜奶油	150克
草莓	适量
红提子	适量
话梅	适量
糖粉	适量
巧克力碎	适量
巧克力配件	适量

做法 Recipe

1 用鲜奶油抹好蛋糕体，在蛋糕底部边缘撒上白色巧克力碎。

2 放上一圈草莓，再放上红提子。

3 在每个草莓的间隔位置放上话梅，并筛上糖粉。

4 在中间放上巧克力配件即可。

一米阳光
欧式水果纯滑蛋糕

所需时间
15 分钟左右

材料 Ingredient

蛋糕体	1个
巧克力配件	适量
透明果膏	适量
镜面果膏	适量
猕猴桃等水果	适量
鲜奶油	150克

制作指导

摆水果时要尽可能把水果摆在蛋糕中间，否则会将蛋糕边缘压坏。

做法 Recipe

1 用鲜奶油抹好一个半圆形蛋糕体，淋上一层透明果膏。

2 在蛋糕侧面贴上巧克力片。

3 在蛋糕面摆上空心巧克力圆环。

4 摆上各种水果装饰。在水果面扫上镜面果膏，放上巧克力条即可。

青涩时光
欧式草莓甜蜜蛋糕

所需时间
20 分钟左右

制作指导
　每块奶油的高低度和间隔要一致。

材料 Ingredient

蛋糕体	1个
鲜奶油	165克
花生碎	适量
草莓等水果	适量
透明果膏	适量
巧克力配件	适量

做法 Recipe

1 用鲜奶油抹好直角蛋糕体，然后用抹刀挑出一块奶油放在蛋糕平面上。

2 在蛋糕底部撒上一圈花生碎。

3 放上水果作为装饰，再扫上透明果膏。

4 用巧克力配件装饰即可。

激情夏日
清凉一夏

所需时间
20 分钟左右

材料 Ingredient

蛋糕体	1个
鲜奶油	150克
透明果膏	适量
巧克力配件	适量
草莓等水果	适量

制作指导

压花纹的时候间隔要一样，深度也要一样。

做法 Recipe

1 抹好蛋糕体，用软刮片将中间的奶油挖出来。

2 用带齿纹的刮片压花纹，用三角刮片压出花边。

3 用软刮片在底部刮出半圆形弧度。

4 放上水果，扫上透明果膏，放上巧克力配件即可。

一生的守护
心的港湾

所需时间
20 分钟左右

制作指导

铲刀一定要加热，否则会粘奶油。

材料 Ingredient

蛋糕体	1个
鲜奶油	150克
柠檬果膏	适量
巧克力配件	适量
草莓等水果	适量

做法 Recipe

1 用鲜奶油抹出一个直角蛋糕体，将中间挖空。

2 加热多功能铲刀，从外往里压进，对角压好。

3 在中间挤上柠檬果膏。

4 放上水果，扫上柠檬果膏。侧面放上巧克力作为装饰。

雍荣华贵

欧式花团锦簇蛋糕

所需时间
15 分钟左右

材料 Ingredient

蛋糕体	1个
鲜奶油	165克
糖粉	15克
黑白巧克力配件	适量
巧克力花	适量
绿色巧克力旋条	适量

做法 Recipe

1 用鲜奶抹好蛋糕体，表面挤一圈奶油点。

2 将做好的巧克力片放在奶油点上面。

3 将做好的巧克力花放在右下角。

4 在巧克力花边上插上巧克力叶子。

5 在巧克力花周围摆上绿色巧克力旋条，撒上糖粉。

6 在蛋糕侧面贴上空心巧克力片即可。

制作指导

抹直角坯的表面时，抹刀与坯表面要呈45°角。

幸福的转轮
旋转轮盘

所需时间
20 分钟左右

材料 Ingredient

蛋糕体	1个
鲜奶油	150克
绿色喷粉	适量
草莓等水果	适量
透明果膏	适量
巧克力配件	适量

做法 Recipe

1 抹好直坯, 然后用多功能铲刀在蛋糕表面压出纹路, 每条间隔大小一样。

2 用抹刀在蛋糕表面顺着纹路切割出一个圆形, 然后在切好的圆形上切割出一边, 在中间切多一条边, 用气瓶吹出幅度。

3 用刮片切割出蛋糕底边。

4 放上水果作为装饰, 再扫上透明果膏。

5 放上巧克力配件。

6 在每条纹路间隔的地方喷上喷粉即可。

制作指导

喷粉时要离近点喷, 不然颜色会散开。

甜蜜的滋味
巧克力乳酪蛋糕

所需时间
90 分钟左右

材料 Ingredient

饼干底材料		全蛋	63克
消化饼干	100克	淡奶油	125克
黄油	50克	黑巧克力	50克
面糊材料		糖粉	适量
乳酪	250克	其他材料	
糖	50克	巧克力配件	适量

做法 Recipe

1 将饼干压碎，加入融化好的黄油拌匀。

2 将拌好的饼干碎倒入铺有油纸的模具中压平，放进冰箱冷冻至凝固备用。

3 将乳酪隔热水软化后倒入糖拌至融化。

4 将全蛋分次倒入步骤3中拌匀。

5 将淡奶油隔热水加热至60℃，加入黑巧克力拌至融化。

6 将步骤4和步骤5混合拌匀后，倒入步骤3的模具中至八分满。

7 将步骤6放进烤箱，以160℃的温度隔水烤55分钟左右出烤箱。

8 将步骤7凉后放进冰箱，冷冻1小时后脱模，放上巧克力配件，撒上糖粉作装饰即可。

制作指导

烤蛋糕时，判断蛋糕是否熟透，可以用手轻压，弹起没手印则表示熟了；也可用竹签插试，看是否粘竹签，不粘则表示熟透。

浓浓的爱恋

巧克力慕斯蛋糕

所需时间
35 分钟左右

材料 Ingredient

牛奶	100克	蛋白	38克
糖	68克	吉利丁	4克
淡奶油	100克	水	少许
苦甜巧克力	30克	巧克力配件	适量
蛋黄	28克	干果	适量
可可粉	15克	金箔	适量

做法 Recipe

1 将蛋黄、糖、牛奶、可可粉拌匀后，隔热水搅拌至浓稠。

2 将切碎的苦甜巧克力加入步骤1中拌至融化，再加入泡软的吉利丁片拌至融化后，降温至36℃左右。

3 将糖水加热至120℃，冲入打至五成发的蛋白中继续搅拌，至全发即成意大利蛋白霜。

4 将步骤3分次加入打发的淡奶油中，拌匀后再和步骤2混合拌匀，即成巧克力慕斯馅。

5 将步骤4倒入封有保鲜膜垫和蛋糕片的模具中，抹平放入冰箱冷冻至凝固备用。

6 将冻好的步骤5拿出，表面抹上巧克力酱。

7 将步骤6的模具边缘加热后脱模。

8 在蛋糕表面装饰巧克力配件、金箔和干果即可。

制作指导

可可粉加入蛋黄、糖、牛奶中时要快速搅拌均匀，否则容易结块。

秀外慧中

古典巧克力蛋糕

所需时间
85 分钟左右

材料 Ingredient

蛋白	125克	低筋面粉	48克
苦甜巧克力	120克	可可粉	24克
淡奶油	60克	塔塔粉	1克
无盐奶油	66克	核桃仁	适量
蛋黄	63克	糖粉	适量
糖	124克		

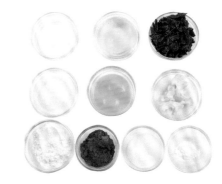

做法 Recipe

1 将淡奶油隔水加热，加入切碎的苦甜巧克力拌至融化。

2 将无盐奶油加入步骤1中拌至融化。

3 将蛋黄和部分糖拌至发白后，加入步骤2中拌匀。

4 将蛋白、部分塔塔粉和剩余的糖混合拌至四成发。

5 将步骤4分2次加入步骤3中拌匀。

6 将过筛的低筋面粉和剩余的可可粉加入步骤5中，拌匀即成面糊。

7 将步骤6的面糊倒入模具中抹平，放入烤箱，以140~150℃隔水烤60~70分钟出烤箱。

8 冷却后脱膜。在蛋糕表面装饰核桃仁和马卡龙饼干后，筛上糖粉即可。

制作指导

蛋糕出炉冷却后要放入冰箱冷冻2小时再脱模。

咖色的幸福
巧克力布朗尼蛋糕

所需时间 60 分钟左右

材料 Ingredient

全蛋	4个	低筋面粉	60克
糖	250克	无盐奶油	225克
盐	2克	核桃碎	200克
葡萄糖浆	50克	马卡龙饼干	适量
苦甜巧克力	175克	糖粉	适量

做法 Recipe

1 将巧克力与葡萄糖浆隔水加热至融化。

2 将全蛋打散，加入糖、盐一起打至发白、浓稠。

3 将步骤1分次加入步骤2中拌匀，再将低筋面粉加入拌匀。

4 将无盐奶油加热至融化后与步骤3拌匀。

5 将核桃碎加入步骤4中拌匀。

6 将步骤5倒入封好锡纸的模具中抹平。

7 入烤箱以190℃的温度烤45分钟左右，出烤箱。

8 冷却后脱模，放上马卡龙饼干，筛上糖粉装饰即可。

制作指导

无盐奶油融化后要保持40℃左右加入面糊中，太热会影响面糊，太冷无盐奶油易结晶。

沉默的爱
柠檬芝士蛋糕

所需时间
45 分钟左右

材料 Ingredient

饼干底材料		蛋黄	40克
消化饼干	100克	君度酒	13克
黄油	50克	柠檬皮末	半个
面糊材料		柠檬	半个
芝士	230克	其他材料	
糖	45克	糖粉	适量
玉米淀粉	90克	马卡龙饼干	适量

做法 Recipe

1 将模具抹油垫纸，封好锡纸。

2 将饼干压碎，与融化的黄油拌匀，放入模具底部和四周，中间空着，压实，放入冰箱备用。

3 将芝士与糖打至芝士软化、糖融化。

4 将蛋黄加入步骤3中拌匀，再将玉米淀粉加入拌匀。

5 将柠檬挤出的汁、君度酒和柠檬皮末加入步骤4中拌匀。

6 将步骤5的馅料倒入步骤2模具内的空心处抹平。

7 将步骤6放进烤箱以180℃的烤箱温度烤至表面上色，再降至150℃烤至熟。

8 出烤箱，冷却后脱模，在边上筛上糖粉，插上纸片，放上马卡龙饼干作装饰即可。

制作指导

馅料只能装至模具内饼干边的九分满，不要和饼干边一样高，否则烘烤时易膨胀至饼干边缘，影响效果。

青涩的爱恋
抹茶开心果蛋糕

所需时间
30 分钟左右

材料 Ingredient

蛋糕体	适量	吉利丁	6克
牛奶	200克	打发鲜奶油	165克
蛋黄	65克	巧克力配件	适量
糖	50克	开心果碎	适量
抹茶酱	15克	水果	适量
薄荷酒	5毫升		

做法 Recipe

1 将牛奶倒入蛋黄和糖中，隔水加热，快速打至发白、浓稠。

2 将抹茶酱加入步骤1中拌匀。

3 将吉利丁加入步骤2中拌至完全融化。

4 将步骤3隔冰水降温，与打发鲜奶油拌匀。

5 加入薄荷酒和开心果碎拌匀。

6 将步骤5倒入封好的铺有蛋糕底的模具中，抹平，放入冰箱冻至凝固。

7 在慕斯表面撒上开心果碎，用火枪加热模具边缘，脱模。

8 在慕斯表面挤上鲜奶油点，放上水果装饰，插上巧克力配件即可。

制作指导
抹茶酱是用抹茶粉、水和少许玉米淀粉调开做成的。

留恋你的人
榴莲芝士蛋糕

所需时间
50 分钟左右

材料 Ingredient

饼干底材料		牛奶	100克	吉利丁	4克
消化饼干	100克	蛋黄	25克	君度酒	5克
无盐奶油	50克	糖	32克	其他材料	
榴莲慕斯馅材料		榴莲肉泥	125克	巧克力配件	适量
奶油芝士	75克	淡奶油	125克	水果	适量

做法 Recipe

1 将消化饼干压碎，加入融化的无盐奶油拌匀。

2 将步骤1倒入封好保鲜膜的模具中压平，放入冰箱冷冻至凝固备用。

3 将蛋黄、糖和牛奶拌匀后隔热水打发至浓稠。

4 将泡软的吉利丁片加入湿热的步骤3中拌至融化。

5 将步骤4分次加入隔热水软化的奶油芝士中，搅拌至光滑无颗粒。

6 将步骤5隔冰水降温后，加入榴莲肉泥拌匀。

7 将步骤6分次加入打至六成发的淡奶油中拌匀，加入君度酒拌匀。

8 将步骤7的馅料倒入步骤2的模具内抹平，放入冰箱冷冻至凝固备用。

9 将步骤8从冰箱拿出，用火枪加热模具边缘脱模。

10 将脱模的蛋糕用巧克力配件和水果装饰即可。

制作指导

　　熟透的榴莲做出的蛋糕才够香浓滑口。

好人一生平安
苹果查洛地慕斯蛋糕

所需时间
35 分钟左右

材料 Ingredient

蛋糕体	适量	吉利丁	6克
苹果片	235克	苹果白兰地	18克
柠檬汁	8克	蛋白	85克
糖	105克	水	少许
奶油	20克	巧克力配件	适量
		水果	适量

做法 Recipe

1 将苹果片加入奶油和适量糖，一起煮至苹果变软且呈半透明状，再加入柠檬汁拌匀备用。

2 将糖水加热至120℃后，冲入打至五成发的蛋白中，继续打至全发备用。

3 将步骤1的苹果片取部分用榨汁机榨成泥。

4 加入苹果白兰地拌匀，再隔热水温热后加入泡软的吉利丁搅拌至融化。

5 将步骤4降温后，分次加入步骤2拌匀，即成苹果慕斯馅。

6 在封有保鲜膜、垫有蛋糕片的模具内，侧贴上步骤1中剩余的苹果片备用。

7 将步骤5的馅料倒一半于步骤6的模具内。

8 在步骤7的馅料上放上一块蛋糕片，继续倒入苹果慕斯馅抹平，放入冰箱冷冻至凝固。

9 将步骤8拿出，用火枪加热模具边缘脱模。

10 在蛋糕上用巧克力配件和水果装饰即可。

制作指导

苹果片不要煮太久，否则用苹果片贴边时会碎掉。

你是我的唯一
芒果乳酪蛋糕

所需时间
42 分钟左右

材料 Ingredient

蛋糕体	适量	芒果泥	275克
乳酪	125克	君度酒	5克
糖	50克	巧克力配件	适量
吉利丁	13克	芒果块	适量
淡奶油	165克		

做法 Recipe

1 将乳酪隔热水软化。

2 将糖、125克芒果泥加热至糖完全融化，加入8克泡软的吉利丁片拌匀至融化，加入步骤1中。

3 将打至六成发的淡奶油分次加入步骤2中，完全拌匀后再加君度酒拌匀。

4 将步骤3倒入已封了保鲜膜、垫有蛋糕片的模具内至一半高，抹平。

5 将另一块蛋糕体放中间，再倒入剩余馅料至八分满，放入冰箱冷冻至凝固备用。

6 将150克芒果泥、糖混合在一起加热至糖融化，再加入5克吉利丁搅拌至完全融化。

7 将步骤5从冰箱取出，淋上冷却至35℃的步骤6，用抹刀抹平，放入冰箱冷冻至凝固备用。

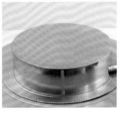

8 将凝固的步骤7从冰箱取出，用火枪加热模具边缘脱模。

9 在蛋糕上装饰芒果块和巧克力配件即可。

制作指导

　　表面要淋酱的蛋糕，馅料只能装至模具的八九分满，否则容易溢出。

厚重的爱
咖啡核桃蛋糕

所需时间
45 分钟左右

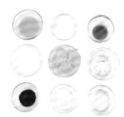

材料 Ingredient

蛋糕体	适量	无盐奶油	165克	咖啡酒	10克
牛奶	50克	蛋白	25克	核桃仁	适量
糖	87克	水	少许	坚果	适量
蛋黄	45克	咖啡粉	5克	巧克力棍	适量

做法 Recipe

1 将牛奶、糖、蛋黄倒在一起，隔热水一边加热一边搅拌，煮至浓稠。

2 将步骤1分次加入软化的无盐奶油中搅拌均匀备用。

3 将糖和少许的水拌匀，加热后冲入打至五成发的蛋白中，继续搅至全发备用。

4 将步骤3分次加入步骤2中，完全拌匀（每加一次要拌透拌均匀后再加）。

5 将咖啡粉和咖啡酒混合拌匀后，再加入步骤4中拌匀。

6 将步骤5装入裱花袋，挤入已封好保鲜模、垫有蛋糕体的模具内，完全盖住蛋糕体模具的一半。

7 将另一块蛋糕体铺到中间，继续挤入步骤5的馅料至同模具一样高，用抹刀抹平，冷冻至凝固。

8 将冻硬的蛋糕从冰箱取出，用火枪在边缘加热至脱模。

9 在表面摆上巧克力配件、核桃仁、坚果装饰。

10 放上巧克力棍即可。

制作指导

将步骤1加入奶油馅中时容易分离，要分次加入，并且每次加入都要拌匀。

此物最相思

抹茶红豆蛋糕

所需时间
35 分钟左右

材料 Ingredient

蛋糕体	适量	玉米淀粉	11克	透明果膏	适量
牛奶	125克	吉利丁	3克	巧克力配件	适量
全蛋	50克	打发淡奶油	150克	水果	适量
糖	30克	红豆	50克		
抹茶粉	5克	薄荷酒	3克		

做法 Recipe

1 将抹茶粉、玉米淀粉和糖拌匀后加入全蛋拌匀。

2 将温热的牛奶分次加入步骤1中拌匀，再隔热水煮至浓稠。

3 将泡软的吉利丁加入步骤2中拌融化后，隔冰水降至35℃备用。

4 将步骤3分次加入打发的淡奶油中拌匀。

5 将红豆和薄荷酒加入步骤4中拌匀，即成抹茶红豆慕斯馅。

6 将步骤5用挤袋挤入封好保鲜膜、垫有蛋糕片的模具中至1/2高，抹平。

7 将步骤6再放上一片蛋糕片后继续挤入剩余馅料，抹平后放入冰箱，冷冻至凝固备用。

8 将步骤7拿出，用火枪加热模具边缘至脱模。

9 在蛋糕表面扫上透明果膏。

10 用巧克力配件和水果装饰即可。

制作指导

红豆要用熟的蜜红豆，也可自己加糖和水煮熟红豆备用。

美好的回忆

喜多罗内蛋糕

所需时间
30 分钟左右

材料 Ingredient

蛋糕体	适量	无盐奶油	50克
柠檬汁	45克	吉利丁	5克
柠檬皮碎	2个	蛋白	95克
糖	115克	水	少许
全蛋	50克	糖煮柠檬片	适量
红毛丹	1颗	巧克力配件	适量

做法 Recipe

1 将全蛋、糖隔热水搅拌至发白浓稠。

2 加入柠檬汁再拌匀。

3 加入柠檬皮碎拌匀备用。

4 将糖、水煮至120℃。

5 将蛋白打至粗泡，冲入糖水，快速搅打成意大利蛋白霜。

6 将意大利蛋白霜分次加入步骤3中拌匀。

7 加入融化的吉利丁拌匀。

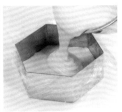
8 将步骤7倒入放有蛋糕体的模具中抹平。

9 将糖煮柠檬摆在步骤8的蛋糕体上面。

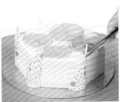
10 将脱模的蛋糕用水果、巧克力配件装饰即可。

制作指导

蛋白要先打发至五成，再倒入120℃糖水继续快速打发至全发。

养颜护肤

葡萄紫米蛋糕

所需时间
75 分钟左右

材料 Ingredient

紫米	25克	吉利丁	5克
牛奶	250克	橘子皮末	10克
香草精	少许	打发淡奶油	100克
无盐奶油	12克	酒泡葡萄干	75克
盐	0.5克	巧克力配件	适量
蜂蜜	25克	水果	适量

做法 Recipe

1 先将紫米浸泡2小时，沥干水后加入牛奶和橘子皮末煮至软滑浓稠。

2 将香草精、盐和蜂蜜加入拌匀。

3 将无盐奶油加入步骤2中拌匀至融化。

4 将泡软的吉利丁片加入步骤3中拌至融化，再隔冰水降至35℃。

5 将步骤4分次加入打发淡奶油中拌匀。

6 将模具封好保鲜膜，内边贴上千层蛋糕片围边，底部再垫上蛋糕片。

7 将步骤5的馅料倒入步骤6的模具内至一半高，再把酒泡葡萄干撒于馅料上。

8 将剩余馅料继续倒入步骤7的模具内抹平，放入冰箱冷冻至凝固备用。

9 将步骤8拿出，用火枪加热模具边缘至脱模。

10 将步骤9的蛋糕用适量水果和巧克力配件装饰即可。

制作指导

　　葡萄干要先洗净，再用适量兰姆酒浸泡一晚备用。紫米也要先泡软，再加牛奶煮成糊状。

润肺护肤
松仁巧克力蛋糕

材料 Ingredient

无盐奶油	100克	糖	87克
苦甜巧克力	100克	软化糖酱	12克
可可脂	25克	蛋白	125克
蛋黄	150克	低筋面粉	45克
全蛋	42克	松仁	100克
		糖粉、干果	各适量

做法 Recipe

1 将苦甜巧克力隔热水融化，加入可可脂和无盐奶油拌至融化。

2 将蛋黄、全蛋和软化糖酱打发。

3 将步骤1加入步骤2中拌匀。

4 将蛋白和糖打至湿性发泡。

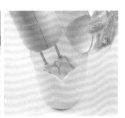

5 将步骤4分次加入步骤3中拌匀。

6 将低筋面粉过筛后和松仁混合，加入步骤5中拌匀。

7 将步骤6的面糊倒入封好锡纸的模具内至八分满，抹平。

8 将步骤7放入180℃的烤箱中，烤40分钟左右至熟出烤箱。

9 将步骤8冷却后脱模。

10 将步骤9筛上糖粉，放上干果装饰即可。

制作指导
蛋黄、全蛋和糖酱要打至发白、稍稠。

入口即化的美味
乳酪舒芙蕾蛋糕

所需时间
65 分钟左右

材料 Ingredient

淡奶油	100克	奶油乳酪	185克
蛋黄	40克	蛋白	65克
玉米淀粉	20克	塔塔粉	3克
糖	65克	巧克力配件	适量
牛奶	140克	水果	适量

做法 Recipe

1 将牛奶和50克淡奶油加热至80℃备用。

2 将蛋黄和剩余50克淡奶油拌匀，再加入糖拌匀。

3 将过筛的玉米淀粉加入步骤2中拌匀。

4 将温热的步骤1加入步骤3中拌匀。

5 将奶油乳酪隔热水软化，分次加入步骤4中拌匀，再隔热水搅拌至浓稠后冷却备用。

6 将蛋白打至粗泡，分次加入糖和塔塔粉，搅拌至六成发。

7 将步骤6分次加入步骤5中拌匀。

8 将步骤7倒入封好锡纸的模具内至八分满。

9 将步骤8放入烤箱，以180℃隔水烤至表面上色，再降至150℃，继续烤熟出烤箱。

10 将步骤9脱模，用水果和巧克力配件装饰即可。

制作指导

　　蛋糕烤好后要在稍凉时立即脱模，否则易收缩。

81

甜甜的爱恋
蜜桃雪霜蛋糕

所需时间
30 分钟左右

材料 Ingredient

巧克力蛋糕体	适量	糖	40克
水蜜桃果泥	200克	水	少许
水蜜桃酒	20克	打发淡奶油	100克
吉利丁	6克	蜜桃片	适量
蛋白	40克	巧克力配件	适量

做法 Recipe

1 将水蜜桃果泥加入泡软的吉利丁，隔热水拌至融化。

2 将步骤1隔冰水降温至35℃备用。

3 将糖、水煮至120℃。

4 将蛋白打至粗泡，冲入糖水，快速打成意大利蛋白霜。

5 将步骤2倒入蛋白霜与打发淡奶油的混合物中拌匀。

6 加入水蜜桃酒拌匀，装裱花袋备用。

7 将巧克力蛋糕体放入有保鲜膜封好的模具中，将蜜桃片贴在模具内侧。

8 将步骤6的馅料挤一半至模具内抹平，再放上一片蛋糕片，放进冰箱冷冻。

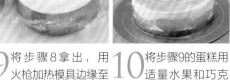

9 将步骤8拿出，用火枪加热模具边缘至脱模。

10 将步骤9的蛋糕用适量水果和巧克力配件装饰即可。

制作指导
　　放中间的夹心蛋糕片要比模具小一圈。

心海微澜
香芋芝士蛋糕

所需时间
70 分钟左右

材料 Ingredient

奶油芝士	250克	淡奶油	85克
糖	170克	低筋面粉	25克
全蛋	73克	吉士粉	7.5克
蛋白	75克	香芋色香油	适量
塔塔粉	2.5克	蓝莓馅	75克

做法 Recipe

1 将奶油芝士、糖一起搅拌至糖完全融化。

2 分次加入全蛋拌匀。加入淡奶油拌匀后，加低筋面粉、吉士粉拌匀备用。

3 将蛋白、糖、塔塔粉一起打成软鸡尾状。

4 将步骤3分次加入步骤2中完全拌匀。

5 取出适量步骤4的面糊放在另一个容器内，加入少许香芋色香油完全拌匀。

6 将蓝莓馅倒在垫有蛋糕体的模具内。

7 倒入步骤4的面糊至八分满。

8 将步骤5调色的面糊装入裱花袋，呈圈状挤入步骤7的面糊表面。

9 将步骤8放入烤箱，隔水以180℃的温度烘烤60分钟左右，出烤箱放凉。

10 将冷却的蛋糕放冰箱冷冻2小时，脱模装饰即可。

制作指导

烤蛋糕时，表面上色后要降低温度至150℃再继续烤至熟。

独特滋味

蓝莓巧克力蛋糕

所需时间
40 分钟左右

材料 Ingredient

蛋糕体	适量	吉利丁	3克
牛奶	38克	蓝莓果酱	45克
白巧克力	90克	樱桃酒	8克
蛋黄	20克	打发淡奶油	110克
糖	25克	巧克力配件	适量
水	少许	水果	适量

做法 Recipe

1 将牛奶、白巧克力放一起,隔水加热拌至融化。

2 将糖、水煮至120℃。

3 将蛋黄打散冲入糖水,快速打至浓稠。

4 将步骤3加入步骤1中拌匀。

5 加入泡软的吉利丁拌匀,再隔冰水降至35℃。

6 将步骤5分次加入打发的淡奶油中拌匀。

7 加入樱桃酒拌匀。

8 将步骤7倒入放有蛋糕片的模具中抹平。

9 将蓝莓果酱倒在步骤8上,用竹签划出乱纹,放入冰箱冷冻至凝固。

10 用火枪加热模具侧边脱模。

11 在蛋糕侧边贴上巧克力片。

12 在蛋糕表面摆放适量鲜水果,再以巧克力配件装饰即可。

制作指导

蛋黄加入120℃的糖水快速搅拌,如有腥味,可隔热水搅拌至发白浓稠。

诱人的醇香

咖啡可可米蛋糕

所需时间
35 分钟左右

材料 Ingredient

千层蛋糕片	适量	熟糯米	65克
打发淡奶油	65克	君度酒	3克
牛奶	65克	咖啡酱	少许
可可粉	5克	白巧克力棍	适量
吉利丁	3克	水果	适量
糖	20克	马卡龙饼干	适量
黑巧克力	20克		

做法 Recipe

1 将牛奶、可可粉、糖混合拌匀，再隔水加热。

2 加入熟糯米拌匀。

3 加入黑巧克力拌至融化。

4 加入咖啡酱拌匀。

5 加入融化的吉利丁拌匀，再隔冰水降温至35℃。

6 加入君度酒拌匀。

7 将步骤6分次加入打发的淡奶油中拌匀。

8 用保鲜膜将模具底封住，内侧围上千层蛋糕片，底部上放入千层蛋糕片。

9 将步骤7倒入模具中抹平，放入冰箱冷冻至凝固。

10 用火枪加热模具侧边至脱模。

11 在蛋糕表面放上适量新鲜水果和马卡龙饼干。

12 放上白巧克力棍装饰即可。

制作指导

糯米要先泡水2小时再蒸熟备用。

不一样的感觉
覆盆子乳酪蛋糕

所需时间
70 分钟左右

材料 Ingredient

饼干底材料		玉米淀粉	4克
消化饼干	100克	蛋黄	22克
奶油	50克	蛋白	43克
面糊材料		覆盆子果馅	50克
奶油乳酪	250克	其他材料	
淡奶油	25克	透明果胶	适量
糖	56克	水果	适量

做法 Recipe

1 将饼干压碎与融化的奶油，混合拌匀。

2 将步骤1倒入垫有纸的模具中压平，放入冰箱冷冻至凝固。

3 将奶油乳酪打至软化，加入糖拌至糖融化。

4 加入淡奶油拌匀。

5 加入蛋黄拌匀。

6 加入玉米淀粉拌匀备用。

7 将蛋白打至粗泡，加入糖快速打至湿性发泡。

8 将步骤7加入步骤6中拌匀。

9 加入覆盆子果馅拌匀。

10 将步骤9倒入步骤2中至八分满。

11 放入烤箱以200℃隔水烤60分钟出烤箱。

12 冷却后脱模，在蛋糕表面扫上透明果胶，摆上适量新鲜水果装饰即可。

制作指导

蛋糕烤上色后要降温至150℃烤至熟，如表面颜色太深可用铝箔纸盖住表面再烤。

异国情调

白朗姆乳酪蛋糕

所需时间
40 分钟左右

材料 Ingredient

饼干底材料

苏打饼干	160克
黄油	38克
糖	15克
牛奶	10克

慕斯馅材料

奶油乳酪	80克
牛奶	60克
蛋黄	45克

糖	30克
白朗姆酒	30克
吉利丁	7克
酸奶	35克
打发淡奶油	100克
柠檬汁	8克

其他材料

巧克力配件	适量
水果	适量

做法 Recipe

1 将蛋黄、30克糖、60克牛奶拌匀后，再隔热水煮至浓稠。

2 将泡软的吉利丁加入步骤1中拌至融化。

3 将奶油乳酪隔热水软化后，加入白朗姆酒拌匀。

4 将步骤2分次加入步骤3中搅拌均匀。

5 将酸奶加入步骤4中拌匀后再降至35℃。

6 将步骤5分次加入打发的淡奶油中拌匀，再加入柠檬汁拌匀即成慕斯馅。

7 将黄油、15克糖和10克牛奶加热至融化，再加入苏打饼干碎拌匀。

8 将步骤7倒入封好保鲜膜的模具内压平冷冻至凝固备用。

9 将步骤6的慕斯馅挤入步骤8的饼干上，抹平，放入冰箱冷冻至凝固备用。

10 将步骤9拿出，加热模具边缘脱模。

11 将脱模的蛋糕侧边贴上巧克力片。

12 在蛋糕表面用水果和巧克力配件装饰即可。

制作指导

蛋黄、糖、牛奶煮时要边煮边快速搅拌至发白浓稠。

健脑美食
核桃摩卡蛋糕

所需时间
45 分钟左右

材料 Ingredient

咖啡奶油馅材料

奶油	150克	水	少许
即溶咖啡	3克	核桃	100克
蛋白	40克	**其他材料**	
水	20克	巧克力蛋糕体	适量
糖	65克	巧克力配件	适量

糖炒核桃材料

糖	50克

做法 Recipe

1 将糖、水煮至120℃。

2 将糖水冲入打至三成发的蛋白中,快速打成意大利蛋白霜备用。

3 将即溶咖啡加入少许水调成咖啡酱。

4 将步骤3加入打至发白的奶油中拌匀。

5 加入意大利蛋白霜拌匀备用。

6 将糖、水煮至糖溶,与核桃炒干,冷却后捣成的碎末充分拌匀。

7 将步骤6加入步骤5中拌匀,装裱花袋中备用。

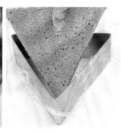

8 将巧克力蛋糕放入用保鲜膜封好的模具中。

9 将步骤7中一半的馅料挤入模具中抹平。

10 放入1片巧克力蛋糕,挤入剩余的馅料,抹平,放入冰箱冷冻至凝固。

11 用火枪加热模具侧边至脱模。

12 在蛋糕上摆放巧克力配件及果仁装饰即可。

制作指导

炒核桃时,要用小火,以免炒糊。

浓浓的爱恋
咖啡香草蛋糕

所需时间
65 分钟左右

材料 Ingredient

白巧克力慕斯材料

鲜奶油	98克
糖	10克
白巧克力碎	199克
打发淡奶油	147克
吉利丁	2克
香草精	少许

咖啡巧克力酱材料

镜面果胶	50克
白巧克力碎	100克
即溶咖啡	15克
淡奶油	17克

其他材料

马卡龙饼干	适量
蛋糕体	适量
巧克力配件	适量
水果	适量

做法 Recipe

1 将鲜奶油、糖、香草精混合拌匀，再加热至糖融化。

2 加入白巧克力碎，拌至融化。

3 加入泡软的吉利丁拌至融化，再隔冰水降温至35℃。

4 将步骤3加入打发的淡奶油中拌匀。

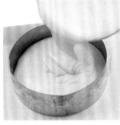

5 将步骤4倒入放有蛋糕片的模具中抹平，放入冰箱冷冻至凝固。

6 将淡奶油、白巧克力碎混合，隔热水拌至融化。

7 加入镜面果胶拌匀。

8 加入即溶咖啡拌匀即为咖啡巧克力酱，放凉备用。

9 将步骤5取出，用火枪加热模具侧边至脱模。

10 淋上咖啡巧克力酱，压出边后抹平。

11 在蛋糕上放适量水果、巧克力配件和马卡龙饼干。

12 在侧边贴上巧克力片即可。

制作指导

白巧克力融化的温度不能太高，60℃左右即可。

清心宁神

百香果芝士蛋糕

所需时间
70 分钟左右

材料 Ingredient

饼干底材料			全蛋	3个
饼干碎	90克		柠檬汁	10克
糖	25克		玉米淀粉	10克
奶油	40克		百香果泥	30克
面糊材料			其他材料	
奶油芝士	300克		水果	适量
优格	15克		糖粉	适量
糖	50克			

做法 Recipe

1 将融化的奶油和糖倒入饼干碎中拌匀。

2 将步骤1倒入垫有油纸的模具中压平，放入冰箱冻至凝固。

3 将奶油芝士隔热水软化。

4 加入糖，拌至糖融化。

5 加入优格拌匀。

6 分次加入全蛋拌匀。

7 加入玉米淀粉拌匀。

8 加入柠檬汁拌匀。

9 取少量面糊，加入百香果泥拌匀。

10 将其余面糊倒入步骤2的模具中。

11 倒入步骤9，用竹签划出纹路。

12 放入烤箱，以200℃隔水烤50分钟。

13 出烤箱，待冷却后脱模。

14 在蛋糕上放新鲜水果装饰，撒上适量糖粉即可。

制作指导

　　蛋糕在烘烤过程中要先以200℃烤至上色，再降至150℃烤至熟。

迷人的饭后小甜点

百香巧克力蛋糕

所需时间
50 分钟左右

材料 Ingredient

巧克力慕斯馅材料

苦甜巧克力	50克
蛋黄	20克
糖	20克
水	少许
吉利丁	3克
打发淡奶油	125克
兰姆酒	3克

百香果奶油馅材料

百香果泥	50克
糖	30克
蛋黄	40克
吉利丁	2克
无盐奶油	65克

其他材料

蛋糕体	适量
巧克力条	适量
水果	适量

做法 Recipe

1 将糖、水混合煮至120℃。

2 将蛋黄打散冲入糖水，快速拌至浓稠。

3 加入融化的苦甜巧克力拌匀。

4 加入泡软的吉利丁拌至融化，放凉至35℃备用。

5 将步骤4加入打发的淡奶油中拌匀。

6 加入兰姆酒拌匀，装裱花袋。

7 将步骤6挤入放有蛋糕片的模具中抹平，放入冰箱冷冻至凝固。

8 将百香果泥、糖、蛋黄混合拌匀，隔水煮至浓稠。

9 加入泡软的吉利丁拌至融化。

10 加入无盐奶油拌至融化。

11 将步骤10倒入冻好的步骤7中抹平，放入冰箱冷冻至凝固。

12 取出后用火枪加热模具侧边至脱模。

13 在蛋糕上放适量新鲜水果。

14 放上巧克力条装饰即可。

制作指导

　　无盐奶油加入馅料中搅拌时，馅料的温度要达到40~45℃。

止咳养颜

梨子查洛地慕斯蛋糕

所需时间
55 分钟左右

材料 Ingredient

蛋黄	65克	打发淡奶油	120克
梨子糖液	200克	梨子丁	适量
吉利丁	6克	巧克力配件	适量
蛋白	65克	手指蛋糕	适量
糖	65克	水果	适量
水	少许		

做法 Recipe

1 将梨子糖液煮至120℃。

2 将糖液冲入蛋黄中，快速拌匀，再隔水打至浓稠。

3 加入泡软的吉利丁，拌至融化，再隔水降温至35℃，备用。

4 糖、水煮至120℃。

5 将蛋白打至粗泡，冲入糖水，快速打成意大利蛋白霜。

6 将意大利蛋白霜加入打发的淡奶油中拌匀。

7 将步骤6加入步骤3中，拌匀即成慕斯馅，装入裱花袋中待用。

8 将手指蛋糕放入用保鲜膜包好的模具内。

9 挤上一半的慕斯馅。

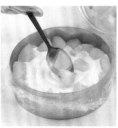

10 放入梨子丁。

11 挤入剩余的慕斯馅，抹平，放入冰箱冷冻至凝固。

12 取出，用火枪加热模具侧边至脱模。

13 在蛋糕表面放上适量巧克力配件。

14 摆上水果等装饰即可。

制作指导

梨子要去皮切丁，加入1：1的糖和水煮至软，捞出备用，剩余的糖液要称出200克煮蛋黄。

香软可口
日式烤芝士蛋糕

所需时间
55 分钟左右

材料 Ingredient

芝士	适量	玉米淀粉	20克	淡奶油	133克
蛋糕体	适量	糖	83克	果仁	适量
牛奶	200克	蛋黄	146克		
奶酪	133克	柠檬皮	14克		
低筋面粉	26克	奶油	54克		

做法 Recipe

1 将芝士隔热水搅至软化。

2 将牛奶分次加入步骤1中拌匀。

3 将低筋面粉和玉米淀粉加入步骤2中拌匀。

4 将蛋黄和糖拌匀后加入步骤3中拌匀。

5 将淡奶油和奶油加热至融化，与步骤4拌匀。

6 将步骤5隔热水加热煮至浓稠，降至35℃后与柠檬皮拌匀。

7 将一块方形蛋糕体放入封好锡纸的模具中铺平。

8 将步骤6倒入步骤7的模具中抹平。

9 将步骤8放入烤箱，以180℃烤至表面上色后，再降至150℃继续烤至熟，出烤箱冷却。

10 将步骤9脱模，用果仁等装饰即可。

制作指导

馅料倒入模具内八分满即可，否则烘烤时易溢出。

酸甜可口
蔓越莓烤芝士蛋糕

所需时间
65 分钟左右

材料 Ingredient

奶油奶酪	362克	香草粉	0.5克	蛋白	120克
糖	135克	蛋黄	60克	蔓越莓	适量
酸奶	35克	柠檬汁	5克	巧克力配件	适量
玉米淀粉	15克	淡奶油	90克	干果	适量

做法 Recipe

1 将奶油奶酪搅拌至软化后加入糖，搅拌至糖融化。

2 分次加入蛋黄，拌匀后加入柠檬汁拌匀。

3 将酸奶分次加入步骤2中拌匀。

4 将淡奶油分次加入步骤3中拌匀。

5 将玉米淀粉和香草粉加入步骤4中拌匀备用。

6 将蛋白打起粗泡后加入糖，快速打至湿性发泡。

7 将打好的蛋白霜分次与步骤5拌匀。

8 将步骤7的一半倒入模具中，撒上蔓越莓，再将步骤7的另一半倒入抹平，表面撒上蔓越莓。

9 将步骤8放入烤箱以180℃炉温隔水烤至表面上色，降至150℃烤熟出烤箱。

10 表面摆上干果、巧克力配件装饰即可。

制作指导
蛋白要先快速打至粗泡，再分次加入糖。

生津止渴

黄桃芝士蛋糕

所需时间
85 分钟左右

材料 Ingredient

饼干底材料

饼干碎	100克
牛油	50克

面糊材料

奶油乳酪	340克
糖粉	80克

蛋白	80克
酸奶	40克
玉米淀粉	16克
淡奶油	80克
白兰地	10克

其他材料

黄桃片	适量

做法 Recipe

1 将融化的牛油倒入饼干碎中拌匀。

2 将步骤1倒入封好锡纸的模具内压平，放入冰箱内冷冻至凝固备用。

3 将奶油乳酪拌至软化，加入糖粉拌匀。

4 将酸奶分次加入步骤3中拌匀。

5 将淡奶油分次加入步骤4中拌匀，再加入白兰地拌匀。

6 将蛋白加入玉米淀粉中，搅拌至湿性发泡。

7 将步骤6分次加入步骤5中拌匀。

8 将步骤7倒入步骤2的模内至八分满抹平。

9 将适量黄桃片摆入步骤8的面糊表面，放入烤箱以140℃隔水烤60分钟，出烤箱冷却后放入冰箱冷冻至凝固。

10 将步骤9拿出脱模，装饰即可。

制作指导

蛋糕烤好放凉后，要放入冰箱冷冻2小时再脱模。

好吃不腻

抹茶芝士蛋糕

所需时间
85 分钟左右

材料 Ingredient

饼干底材料			
消化饼干	100克	抹茶粉	8克
无盐奶油	50克	全蛋	1个
面糊材料		淡奶油	150克
芝士	250克	酸奶	20克
糖	60克	其他材料	
玉米淀粉	5克	红豆	适量
		水果	适量
		马卡龙饼干	适量

做法 Recipe

1 将模具抹油，再垫上油纸，用锡纸封好底部。

2 将饼干压碎，与融化的无盐奶油拌匀。

3 将步骤2倒入步骤1的模具内压平，放入冰箱冷冻至凝固备用。

4 将芝士搅拌至软化，加入糖拌至融化，再加入过筛好的玉米淀粉和抹茶粉拌匀。

5 将全蛋加入步骤4中拌匀。

6 将酸奶加入步骤5中拌匀。

7 将淡奶油加入步骤6中拌匀。

8 将红豆撒入步骤3的模具饼干底上，再倒入步骤7的面糊抹平。

9 将步骤8放入180℃的烤箱隔水烤20分钟，降至150℃再烤40分钟出炉，冷却备用。

10 加热步骤9模具边缘至脱模，用马卡龙饼干、水果等装饰即可。

制作指导

玉米淀粉和抹茶粉要混合过筛，否则加入乳酪馅中容易结块。

法兰西的浪漫
法式烤芝士蛋糕

所需时间
60 分钟左右

材料 Ingredient

饼干底材料		低筋面粉	25克
消化饼干碎	100克	玉米淀粉	20克
牛油	50克	蛋白	200克
面糊材料		糖	120克
牛奶	275克	其他材料	
芝士	225克	巧克力配件	适量
牛油	83克	水果	适量
蛋黄	25克	马卡龙饼干	适量

做法 Recipe

1 将融化的牛油和饼干碎混合拌匀。

2 将步骤1倒入垫油纸的模具中，压平，放入冰箱冷冻至凝固。

3 将牛奶加入软化的芝士和牛油中拌匀。

4 加入蛋黄拌匀。

5 加入过筛好的玉米淀粉、低筋面粉拌匀备用。

6 将蛋白打至粗泡，分次加入糖，快速打至湿性发泡。

7 将蛋白霜分次加入步骤5中拌匀。

8 将步骤7倒入步骤2中至八分满。

9 放入烤箱，以200℃隔水烤50分钟。

10 出烤箱，待冷却后脱模。

11 在蛋糕表面摆上草莓、饼干等装饰。

12 放上巧克力配件，并插上纸牌即可。

制作指导

芝士和牛油先要打发至软化融合。

纯粹的香醇
原味重芝士蛋糕

所需时间
90 分钟左右

材料 Ingredient

饼干底材料		蛋黄	3个
巧克力饼干	100克	蛋清	3个
无盐奶油	50克	柠檬汁	3克
面糊材料		其他材料	
乳酪	300克	马卡龙饼干	适量
糖	135克	巧克力配件	适量
黄油	20克	糖粉	适量

做法 Recipe

1 将融化的无盐奶油倒入压碎的饼干内拌匀。

2 将步骤1倒入底部垫有油纸的模具内压平，放入冰箱冷冻至凝固备用。

3 将乳酪搅拌至软滑，加入黄油拌匀。

4 将糖加入步骤3中，搅拌至糖融化。

5 将蛋黄分次加入步骤4中拌匀。

6 将柠檬汁加入步骤5中拌匀。

7 在蛋清中加入糖，搅拌至湿性发泡。

8 将步骤7分两次加入步骤6中拌匀。

9 将步骤8的面糊倒入步骤2的模具内抹平。

10 将步骤9放入160℃的烤箱，隔水烤70分钟左右。

11 出烤箱，凉后放入冰箱冷冻2小时备用。

12 将步骤11拿出脱模，装饰后撒上糖粉即可。

制作指导

烤时一定要注意炉温，可把烤盘放至上层，表面上色后再放至下一层继续烤熟。

清凉提神

薄荷椰浆芝士蛋糕

所需时间
75 分钟左右

材料 Ingredient

饼干底材料		蛋白	60克
消化饼干碎	100克	糖	50克
牛油	50克	塔塔粉	少许
芝士馅材料		薄荷酒	5克
奶油芝士	250克	其他材料	
蛋黄	2个	透明果胶	适量
薄荷叶	10克	糖粉	适量
椰浆	60克	巧克力配件	适量

做法 Recipe

1 将融化的牛油和饼干碎混合拌匀。

2 将步骤1倒入垫油纸的模具中压平，放入冰箱冷冻至凝固。

3 将薄荷叶、椰浆混合加热至沸腾，再焖10分钟过筛，滤除薄荷叶。

4 将奶油芝士隔热水拌至软化。

5 将步骤3分次加入步骤4中拌匀。

6 加入蛋黄拌匀。

7 加入薄荷酒拌匀。

8 将蛋白打至粗泡，分次加入糖、塔塔粉，快速打至湿性发泡。

9 将步骤8分次加入步骤7中拌匀。

10 将步骤9倒入步骤2的模具中至八分满。

11 放入烤箱，以200℃隔水烤60分钟左右。

12 出烤箱冷却后，放入冰箱冷冻2小时后脱模。

13 在蛋糕表面扫上透明果胶，放上薄荷叶、巧克力配件。

14 筛上糖粉即可。

制作指导

　　烘烤至蛋糕表面上色后，要降温至150℃再烘至熟。

PART 3　中级

蛋糕制作

　　经过初级蛋糕的实践，你应该可以制作出一个完整的蛋糕了。想挑战一下自己吗？以下为你挑选的这些蛋糕在用料和制作步骤上稍微加大了一点难度，但是只要遵循步骤，同样可以轻松学会哦！

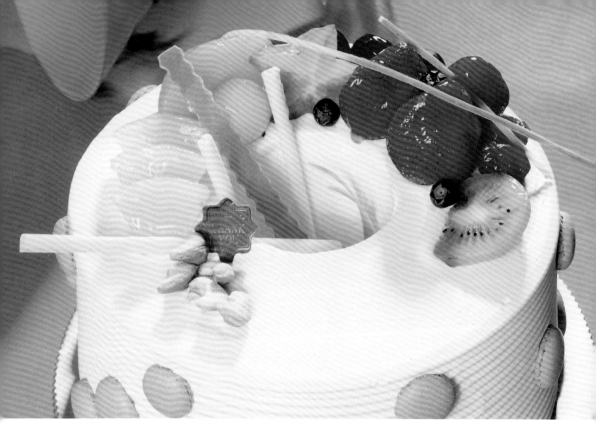

难忘的味道
欧式草莓饼干蛋糕

所需时间
15 分钟左右

材料 Ingredient

蛋糕体	1个	镜面果胶	适量
鲜奶油	150克	巧克力配件	适量
马卡龙饼干	1个	草莓等水果	适量

制作指导

贴饼干时距离要均匀。

做法 Recipe

1 用鲜奶油抹好蛋糕，侧面摆上马卡龙饼干作装饰。

2 在蛋糕面上摆上适量水果。

3 在蛋糕上插上巧克力片，在水果上扫上镜面果胶即可。

缤纷水果
欧式水果圆形蛋糕

所需时间
15 分钟左右

材料 Ingredient

蛋糕体	1个	鲜奶油	150克
巧克力配件	适量	水果	适量
镜面果膏	适量		

制作指导

摆巧克力配件时，要尽可能快点，否则巧克力会融化。

做法 Recipe

1 用鲜奶油抹好蛋糕，在蛋糕侧面贴上巧克力片。

2 在蛋糕面上摆上适量水果。

3 在水果上扫上镜面果膏，摆上巧克力配件即可。

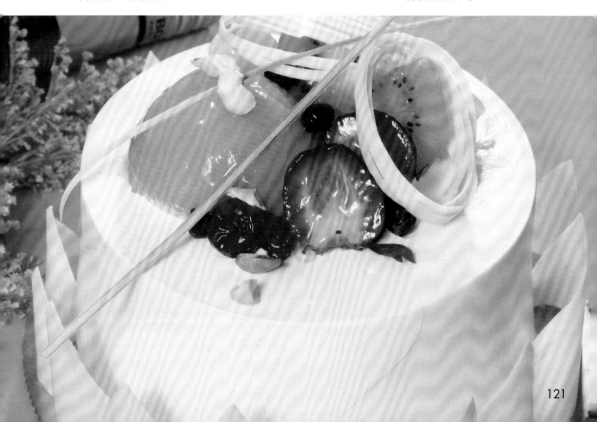

热情如火
欧式水果火焰形巧克力蛋糕

所需时间
15 分钟左右

制作指导
筛糖粉的时候要均匀一点。

材料 Ingredient

蛋糕体	1个
鲜奶油	150克
糖粉	15克
巧克力配件	适量
杏仁片	适量
水果	适量

做法 Recipe

1 用鲜奶油抹好蛋糕，侧面围上蛇形巧克力条。

2 在蛋糕面上，用弧形巧克力片围成一朵花。

3 在花的顶部，撒上糖粉装饰。

4 另一半侧面贴上半边的杏仁片，摆上水果及绿色巧克力条即可。

赶走灰色心情
欧式水果巧克力块蛋糕

制作指导

插巧克力配件时，要在其后面挤上奶油，这样才不会滑掉。

材料 Ingredient

鲜奶油	150克
草莓等水果	适量
镜面果膏	适量
巧克力配件	适量
粉红色巧克力花	1朵

做法 Recipe

1 用鲜奶油抹好蛋糕，放上1块圆形的巧克力片。

2 在巧克力片前方放上1朵粉红色的巧克力花。

3 在巧克力花旁摆上水果，扫上镜面果膏。

4 在蛋糕上面放上巧克力条，再在侧面贴上巧克力片即可。

往事随风
欧式水果巧克力烟囱蛋糕

所需时间
15 分钟左右

制作指导
　　刮齿纹时刮片一定要贴到奶油上刮，否则纹路会不清楚。

材料 Ingredient

蛋糕体	1个
鲜奶油	150克
糖粉	15克
黄色巧克力片	适量
绿色巧克力条	适量
黑巧克力片	适量
马卡龙饼干	1个

做法 Recipe

1 用鲜奶油抹好蛋糕，不规则地插上半圆黑巧克力片。

2 在半圆黑巧克力片上撒上糖粉。

3 在蛋糕侧面贴上黄色巧克力片。

4 另摆上水果，用绿色的巧克力条及马卡龙饼干装饰即可。

情定今生
欧式水果指环蛋糕

所需时间
25 分钟左右

制作指导
同种颜色水果要放在一起。

材料 Ingredient

蛋糕体	1个
鲜奶油	150克
草莓等水果	适量
镜面果膏	适量
巧克力配件	适量

做法 Recipe

1 先用抹刀垂直抹出直角蛋糕底，在中间切空心。

2 在空心边缘摆上适量水果。

3 在蛋糕底部撒上巧克力碎。

4 将巧克力配件插上，在水果上扫上镜面果膏即可。

花样年华
欧式草莓巧克力花蛋糕

所需时间
15 分钟左右

材料 Ingredient

蛋糕体	1个
鲜奶油	150克
草莓	8颗
糖粉	15克
马卡龙饼干	2个
巧克力配件	适量
巧克力花	1朵

制作指导

摆黑色巧克力花时，撒上糖粉会衬托出花的美感。

做法 Recipe

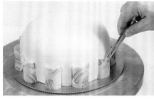

1 用鲜奶油抹好蛋糕，侧面围上半圆形巧克力片。

2 在蛋糕面上摆上草莓。

3 在草莓上放上白巧克力条。

4 摆上马卡龙饼干，将巧克力花放在顶部。撒上糖粉即可。

绽放的青春
欧式奶油花蛋糕

所需时间
20 分钟左右

制作指导

每次卷的奶油大小要一致，用勺子加热后推奶油比较好。

材料 Ingredient

蛋糕体　　　　　　1个
鲜奶油　　　　　　165克
巧克力配件　　　　适量
草莓等新鲜水果　　适量

做法 Recipe

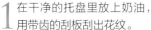

1 在干净的托盘里放上奶油，用带齿的刮板刮出花纹。

2 用勺子从上往下推至打转。

3 放在用鲜奶油抹好的直角蛋糕上。

4 在蛋糕中间摆上适量新鲜水果、巧克力配件装饰即可。

青春的波动

草莓柠檬蛋糕

所需时间
20 分钟左右

材料 Ingredient

蛋糕体	1个
鲜奶油	150克
草莓等水果	适量
柠檬果膏	适量
透明果膏	适量
糖粉	15克
巧克力配件	适量

做法 Recipe

1 用鲜奶油抹好一个圆坯，然后用刮板从中间切出一条边。

2 用带齿的软刮在上面抹出半圆形来。

3 挤上柠檬果膏，再用挖球器从下往上推。

4 用抹刀在上面挖出空心。

5 在中间放上水果及巧克力配件后，扫上透明果膏。

6 筛上糖粉即可。

制作指导

切边的时候手一定要平稳。

浪花朵朵
柠檬奶油蛋糕

所需时间
20 分钟左右

材料 Ingredient

蛋糕体	1个
鲜奶油	150克
草莓等水果	适量
柠檬果膏	适量
透明果膏	适量
巧克力配件	适量

做法 Recipe

1 抹出直角坯后挤出柠檬果膏，用抹刀抹平。

2 将抹刀放平，往下压去，每个间隔要一样。

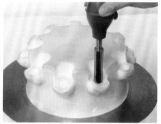

3 用吸囊对着中间吸出一个洞来。

4 用挖球器对着缺口往上推去。

5 放上水果后扫上透明果膏。

6 放上巧克力配件即可。

制作指导

果膏不要放太多。

笑逐颜开

巧克力黄粉蛋糕

所需时间
20 分钟左右

材料 Ingredient

蛋糕体	1个
鲜奶油	150克
巧克力果膏	适量
草莓等水果	适量
黄色喷粉	适量
透明果膏	适量
巧克力配件	适量

做法 Recipe

1 用鲜奶油抹好一个直角蛋糕。

2 用软刮片挖出中间的奶油，装修好边缘部分。

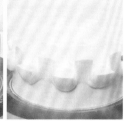
3 用抹刀垂直90°从边缘往下压。

4 用挖球器对准往下压的奶油往上推。

5 将巧克力果膏淋到蛋糕中间。

6 喷上黄色喷粉。

7 在蛋糕中间摆上草莓、猕猴桃等新鲜水果。

8 扫上透明果膏，放上巧克力配件即可。

制作指导

　　每个间隔的距离大小要一样；要先将挖球器加热再推动奶油，这样就不会粘奶油了。

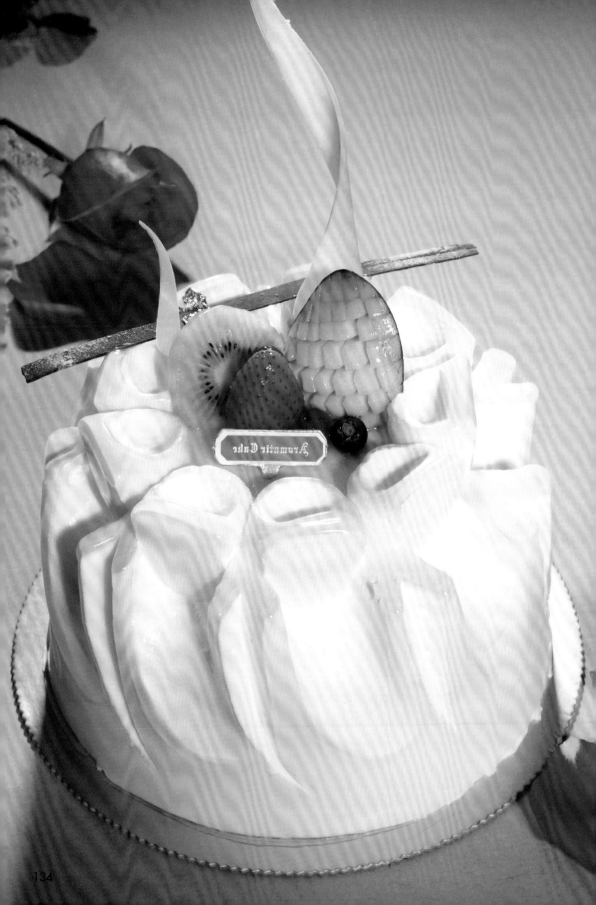

热情缤纷
柠檬果膏蛋糕

所需时间
20 分钟左右

材料 Ingredient

蛋糕体	1个
鲜奶油	150克
柠檬果膏	适量
透明果膏	适量
巧克力配件	适量
草莓等水果	适量

做法 Recipe

1 用鲜奶油抹好一个直角蛋糕，顶部抹上柠檬果膏。

2 边缘淋上柠檬果膏。

3 用抹刀旋转往上握。

4 用挖球器往内压。

5 用多功能小铲由上往下压。

6 在蛋糕中间摆上草莓等新鲜水果。

7 在水果上扫上透明果膏。

8 用巧克力配件装饰即可。

制作指导

果膏不要抹太多，间隔距离要相等；推奶油上去时要转动转盘，拉出弧度。

花样年华
水果奶油蛋糕

所需时间
20 分钟左右

材料 Ingredient

蛋糕体	1个
鲜奶油	150克
巧克力配件	适量
草莓等水果	适量
透明果膏	适量
马卡龙饼干	适量

做法 Recipe

1 用鲜奶油抹好一个直角蛋糕，右手拿着抹刀顺边缘往下压，左手迅速转动转盘。

2 内圈的奶油高出后用刮板刮平。

3 用抹刀顺着内圈边缘往下压，刮出第三层。

4 用塑料气瓶将奶油吹出弧度。

5 第二层也吹出小幅弧度。

6 用小刮板把蛋糕中间的奶油刮出来。

7 在蛋糕中间摆上草莓、猕猴桃等新鲜水果，摆上马卡龙饼干。

8 在水果上扫上透明果膏，插入巧克力配件，并在蛋糕侧面贴上巧克力片装饰即可。

制作指导

鲜奶油不能打得太老，蛋糕底一定要放在中间，每条切边的大小要一致，吹边时要注意力度。

步步为营

香橙奶油蛋糕

所需时间 20 分钟左右

材料 Ingredient

蛋糕体	1个	透明果膏	适量
鲜奶油	150克	草莓等水果	适量
香橙果膏	适量	巧克力配件	适量

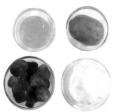

做法 Recipe

1 用鲜奶油抹好一个直角蛋糕。

2 用刮板向下垂直90°，向外倾斜15°压出一条边。

3 用抹刀收好高出的奶油。

4 用抹刀顺着边缘往下压，再向内圈刮出第二层。

5 将中间奶油抹成半圆形，将顶部的奶油刮空，再装饰好边缘部分。

6 淋上香橙果膏。

7 用多功能的小铲压出花纹。

8 将吸囊器用火枪加热，然后吸出圆形孔。

9 在蛋糕中间摆上草莓、猕猴桃等新鲜水果。

10 扫上透明果膏，用巧克力配件装饰即可。

制作指导

　　奶油要打得稍微硬点，切倒边的时候要注意角度。用吸囊器捏住插进去，再松开拿出。

花的时代
绿粉奶油水果蛋糕

所需时间
20 分钟左右

材料 Ingredient

蛋糕体	1个	透明果膏	适量
鲜奶油	150克	草莓等水果	适量
绿色喷粉	适量	巧克力配件	适量

做法 Recipe

1 用鲜奶油抹好一个直角蛋糕,用抹刀顺着边缘往下压,左手匀速转动转盘。

2 内圈的奶油高出后用抹刀刮平。

3 用抹刀顺着内圈边缘往下压,刮出第二层。

4 刮平内圈奶油,顺着内圈边缘往下压,刮出第三层。

5 用抹刀把内圈奶油刮起。

6 用胶片刮出中间奶油。

7 用多功能小铲从外往内压。

8 喷上绿色喷粉。

9 在蛋糕中间摆上草莓、猕猴桃等新鲜水果。

10 在水果上扫上透明果膏,用巧克力配件装饰即可。

制作指导

　　每次切边的大小要一致;用多功能小铲时不要加热;每次压的时候要注意间隔距离。

夏日风情
蓝莓黄粉蛋糕

所需时间
20 分钟左右

材料 Ingredient

蛋糕体	1个	草莓等水果	适量
鲜奶油	150克	巧克力配件	适量
蓝莓果膏	适量	黄色喷粉	适量
透明果膏	适量		

做法 Recipe

1 用鲜奶油抹好一个直角蛋糕，用多功能小铲从中间往外向下压。

2 用剪刀往里压出缺口。

3 用抹刀顺着内圈边缘往下压，刮出第二层。

4 用刮板刮出一条边。

5 用胶片将底下面的奶油刮光滑。

6 在蛋糕中间淋上蓝莓果膏。

7 喷上黄色喷粉。

8 在蛋糕中间摆上草莓等新鲜水果。

9 在水果上扫上透明果膏。

10 用巧克力配件装饰，插上纸牌即可。

制作指导

压边时要注意大小一致，切割侧边时手要稳，再慢慢切进。

天天向上
哈密瓜奶油蛋糕

所需时间
20 分钟左右

材料 Ingredient

蛋糕体	1个
鲜奶油	165克
哈密瓜果膏	适量
透明果膏	适量
巧克力配件	适量
草莓等水果	适量

做法 Recipe

1 用鲜奶油抹好一个直角蛋糕，用刮板平压。

2 用刮板平压出两条边，用刮板从顶部压出一条边。

3 淋上哈密瓜果膏。

4 将顶部从内向外吹出小弧度。

5 从外向里吹。

6 用抹刀压出一条边。

7 用胶片刮出中间多余的奶油。

8 在一条边上用勺子从下往上压出花纹。

9 在蛋糕中间淋上哈密瓜果膏。

10 在蛋糕中间摆上草莓等新鲜水果。

11 在水果上扫上透明果膏。

12 装饰巧克力配件即可。

制作指导

挤果膏时不要挤太多，否则容易往下流，影响下面的层次。

梦幻城堡
蓝莓水果蛋糕

所需时间
20 分钟左右

材料 Ingredient

蛋糕体	1个
鲜奶油	150克
糖粉	15克
透明果膏	适量
蓝莓果膏	适量
巧克力配件	适量
草莓等水果	适量

做法 Recipe

1 用鲜奶油抹好一个直角蛋糕，用胶片把中间的奶油刮空。

2 用三角刮片从上往下压。

3 用三角刮片从外往内压。

4 用多功能小铲从上往下压。

5 用刮片切出底部。

6 用剪刀画出一个圈。

7 用胶片刮空顶部内侧的奶油。

8 在蛋糕中间淋上蓝莓果膏。

9 撒上糖粉。

10 在蛋糕中间摆上草莓、猕猴桃等新鲜水果。

11 扫上透明果膏。

12 用巧克力配件装饰即可。

制作指导

蛋糕压边时奶油要较硬，奶油要多抹一些。

147

爆发的力量
双色果膏蛋糕

材料 Ingredient

蛋糕体	1个	透明果膏	适量
鲜奶油	150克	巧克力配件	适量
天蓝色果膏	适量	草莓等水果	适量
蓝莓果膏	适量	马卡龙饼干	1个

做法 Recipe

1 用鲜奶油抹好一个直角蛋糕，用抹刀顺着边缘往下压。

2 用抹刀压出一条边。

3 淋上蓝莓果膏。

4 用抹刀将上面的边往下压，再压出一条边。

5 将两条边封起来。

6 用胶片刮光滑。

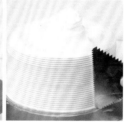

7 用三角刮板刮出侧面花纹。

8 在蛋糕体顶部，用挖球器向内刮，刮出一个圆槽。

9 用加热后的吸囊从侧面吸出圆形孔。

10 在每个孔内挤上蓝莓果膏。

11 在蛋糕顶部淋上天蓝色果膏。

12 在蛋糕中间摆上适量新鲜水果及马卡龙饼干。

13 在水果上扫透明果膏。

14 用巧克力配件装饰即可。

制作指导

果膏不要抹得太多，否则会有苦味。

加菲猫的快乐时光

柠檬果膏蛋糕

所需时间 20 分钟左右

材料 Ingredient

蛋糕体	1个
鲜奶油	165克
草莓等水果	适量
柠檬果膏	适量
软质巧克力膏	适量
巧克力配件	适量

做法 Recipe

1 用鲜奶油抹出直角蛋糕，在上面挤上柠檬果膏。

2 用抹刀抹平。

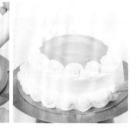

3 用牙嘴在蛋糕边角打转，拉出弧形边。

4 用牙嘴在侧面打出底边。

5 用圆嘴挤出加菲猫的身体和手脚。

6 用圆嘴挤出头部和轮廓。

7 用火枪将其表面烧光滑。

8 用软质巧克力膏画出眼睛等细线条，最后摆上适量新鲜水果及巧克力配件即可。

制作指导

加菲猫的眼睛要大，胡子要由粗到细向上提。

执子之手
巧克力草莓蛋糕

所需时间
20 分钟左右

材料 Ingredient

蛋糕体	1个
鲜奶油	150克
巧克力果膏	适量
透明果膏	适量
巧克力配件	适量
草莓等水果	适量

做法 Recipe

1 用牙嘴在抹好鲜奶油的直角蛋糕上打出水滴状的花边。

2 挤上巧克力果膏。

3 用圆嘴挤出小孩的身体和头部。

4 用花枪把表面烧光滑。

5 用软质巧克力果膏画出眼睛等细线条。

6 用不同颜色的巧克力挤出男孩和女孩的头发。

7 在蛋糕面上放上多种水果作为装饰。

8 扫上透明果膏，放上巧克力配件即可。

制作指导

人物的头是额头宽下巴尖，两个小腮帮加在头的1/3的地方。

小狗乐乐
巧克力黄粉蛋糕

所需时间
20 分钟左右

材料 Ingredient

蛋糕体	1个
巧克力果膏	适量
透明果膏	适量
鲜奶油	150克
巧克力配件	适量
黄色喷粉	适量
草莓等水果	适量

做法 Recipe

1 用鲜奶油抹出直角蛋糕，挤上一圈巧克力果膏。

2 用抹刀将果膏抹平。

3 用圆嘴挤出狗的身体和手脚。

4 用圆嘴挤出狗的头部和轮廓。

5 用火枪将表面烧光滑。

6 用软质巧克力果膏画出眼睛等线条，用黄色喷粉上色。

7 用牙嘴在侧面挤出花边。

8 用上多种水果及巧克力配件作装饰，扫上透明果膏即可。

制作指导

挤狗时手要从它的脖子下面开始，由小到大挤出狗的形状。

小笨象

香橙果膏蛋糕

所需时间
20 分钟左右

材料 Ingredient

蛋糕体	1个
鲜奶油	150克
香橙果膏	适量
软质巧克力膏	适量
透明果膏	适量
巧克力配件	适量
草莓、猕猴桃等水果	适量

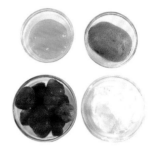

做法 Recipe

1 在用鲜奶油抹好的直角蛋糕上挤上香橙果膏。

2 用抹刀将果膏抹平。

3 用玫瑰花嘴在侧面拉出花边。

4 用圆嘴挤出小象的身体和头部。

5 用圆嘴挤出头部的轮廓，再用纸筒挤出手和脚的轮廓。

6 用火枪将小象的表面烧光滑。

7 用软质巧克力膏画出小象的眼睛等细线条。

8 放上多种水果及巧克力配件作为装饰，扫上透明果膏即可。

制作指导

在小象头部1/3的两边挤上两个圆腮，在腮的中间挤出小象的长鼻子。

北极雪人
柠檬果膏蛋糕

材料 Ingredient

蛋糕体	1个
鲜奶油	150克
柠檬果膏	适量
软质巧克力果膏	适量
透明果膏	适量
巧克力配件	适量
草莓等水果	适量

做法 Recipe

 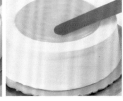  

1 在用鲜奶油抹好的直角蛋糕上挤上柠檬果膏。

2 用抹刀将果膏抹平。

3 用圆嘴挤出小雪人的身体和头部。

4 用圆嘴挤出头部的轮廓和手脚的轮廓，再用不同的颜色挤出帽子、围巾和鼻子。

5 用火枪将小雪人的表面烧光滑。

6 用软质巧克力果膏画出眼睛等细线条。

7 在表面放上巧克力片，再在底部打上花边。

8 用多种水果和巧克力配件作装饰。扫上透明果膏即可。

制作指导
雪人的五官和人的五官一样，挤鼻子时要稍微挤长一点。

霹雳小老虎

香橙黄粉蛋糕

所需时间
20 分钟左右

材料 Ingredient

蛋糕体	1个
鲜奶油	150克
黄色喷粉	适量
香橙果膏	适量
软质巧克力果膏	适量
水果	适量
巧克力配件	适量

做法 Recipe

1 用鲜奶油抹出直角蛋糕，挤上香橙果膏。

2 用抹刀将果膏抹平。

3 用牙嘴打上底边。

4 用平口花嘴抖动拉出弧形花边。

5 用圆嘴挤出老虎的身体和手脚。

6 用火枪将老虎表面烧光滑。

7 用软质巧克力果膏画出眼睛等细线条。

8 用多种水果及巧克力配件装饰，用黄色喷粉在底边喷上淡淡的黄色即可。

制作指导

用花嘴挤老虎的腮时要加宽。

悠闲的小狗
天蓝果膏蛋糕

所需时间
20 分钟左右

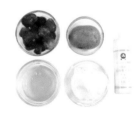

材料 Ingredient

蛋糕体	1个	天蓝色果膏	适量
鲜奶油	165克	透明果膏	适量
巧克力色奶油	适量	草莓和猕猴桃等水果	适量
糖粉	15克	黄色喷粉	适量
巧克力配件	适量		

做法 Recipe

1 在用鲜奶油抹好的直角蛋糕上挤上天蓝色果膏。

2 用抹刀将果膏抹平。

3 用大圆嘴挤上花边。

4 用圆嘴挤出大鼻狗的身体和手脚。

5 用巧克力色奶油挤出狗的鼻子和耳朵，再用大红色挤上狗圈。

6 用火枪将狗的表面烧光滑。

7 撒上糖粉。

8 用黄色喷粉喷上颜色。

9 放上多种水果和巧克力配件作为装饰。

10 扫上透明果膏即可。

制作指导

狗的眼睛要用小木棍由下往上挖一个眼眶，再点一个小圆点做眼珠。

小猪胖胖

香橙水果蛋糕

所需时间
20 分钟左右

材料 Ingredient

蛋糕体	1个	透明果膏	适量
鲜奶油	160克	软质巧克力果膏	适量
黄色喷粉	适量	巧克力配件	适量
香橙果膏	适量	草莓和猕猴桃等水果	适量

做法 Recipe

1 在用鲜奶油抹好的直角蛋糕上挤上香橙果膏。

2 用抹刀将果膏抹平。

3 用牙嘴抖动挤出弧形花边。

4 用圆嘴挤出小猪的身体和头部。

5 用纸包挤出小猪头部的轮廓。

6 用火枪将小猪表面烧光滑。

7 用黄色喷粉喷上颜色。

8 用软质巧克力果膏给小猪画上眼睛等细线条。

9 放上多种水果和巧克力配件装饰。

10 扫上透明果膏即可。

制作指导

猪的鼻子要向上提，再停顿一下打个点。

寿比南山
草莓果膏蛋糕

所需时间
20 分钟左右

材料 Ingredient

蛋糕体	1个	透明果膏	适量
鲜奶油	150克	草莓和猕猴桃等水果	适量
草莓果膏	适量	巧克力配件	适量
软质巧克力果膏	适量		

做法 Recipe

1 在用鲜奶油抹好的直角蛋糕上挤上草莓果膏。

2 用抹刀将果膏抹平。

3 用装有不同颜色奶油的圆嘴分别挤出寿星公的身体和头部。

4 用圆嘴挤出寿星公的其他轮廓。

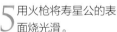

5 用火枪将寿星公的表面烧光滑。

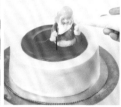

6 用白色奶油拉出寿星公的胡须和眉毛。

7 用软质巧克力果膏画出寿星公的眼睛等细线条。

8 用巧克力配件贴在蛋糕侧面作装饰。

9 放上多种水果作装饰。

10 扫上透明果膏即可。

制作指导

　　制作寿星公的头部时要先打一个圆点，再在圆点的顶部打一个凸起的额头，耳朵要长一点。

快乐北极熊
水果奶油蛋糕

所需时间
20 分钟左右

材料 Ingredient

蛋糕体	1个	软质巧克力果膏	适量
鲜奶油	180克	透明果膏	适量
草莓和猕猴桃等水果	适量	巧克力配件	适量
糖粉	18克		

做法 Recipe

1 用鲜奶油抹好直角蛋糕，用牙嘴在蛋糕侧面挤出底边。

2 用牙嘴在蛋糕上面拉出花边。

3 用圆嘴挤出小熊们的身体。

4 用圆嘴挤出小熊们的头部轮廓和手脚。

5 用火枪将小熊们的表面烧光滑。

6 用小筛子在小熊身上撒上糖粉。

7 用软质巧克力膏画出小熊们的眼睛和嘴等线条。

8 放上多种水果作装饰。

9 放上巧克力配件。

10 扫上透明果膏即可。

制作指导

　　小熊的身体和头部一定要挤圆，这样才会可爱。

生命之水
威士忌蛋糕

所需时间 **45** 分钟左右

材料 Ingredient

原味海绵蛋糕片	适量	威士忌	18克
覆盆子果馅	适量	牛奶	20克
糖	38克	即溶吉士粉	8克
水	15克	吉利丁	3克
蛋黄	38克	打发淡奶油	150克
		巧克力配件	适量

做法 Recipe

1 将原味海绵蛋糕片抹上覆盆子果馅,卷成蛋卷放入冰箱冷冻至凝固备用。

2 将蛋黄、糖拌匀,加入牛奶拌匀,隔热水搅拌至浓稠。

3 将泡软的吉利丁加入步骤2中拌至融化。

4 将水和即溶吉士粉拌匀后,再和步骤3混合拌匀。

5 在步骤4中加入威士忌,拌匀后隔冰水降至35℃备用。

6 将步骤5分次加入打发的淡奶油中,拌匀即成威士忌慕斯馅。

7 将步骤1冻好的蛋卷切片贴入模具内侧,再在里面放上一片蛋糕片垫底。

8 将步骤6的馅料挤入步骤7的模具内抹平,放入冰箱冷冻至凝固备用。

9 将步骤8加热脱模,在表面挤上打发的淡奶油。

10 放上巧克力配件和多种水果装饰即可。

制作指导

贴边的蛋卷一定要卷实冷冻至凝固再切,否则容易散开。

甜蜜的爱情
香槟蜜桃蛋糕

所需时间
55 分钟左右

材料 Ingredient

香槟沙巴勇馅材料		吉利丁	5克	糖	38克
糖	53克	打发淡奶油	123克	其他材料	
蛋黄	43克	蜜桃库利果冻材料		蛋糕体	
全蛋	20克	水蜜桃泥	250克	马卡龙饼干	适量
香槟	83克	吉利丁	6克	巧克力配件	适量
		水蜜桃酒	15克	水果	适量

做法 Recipe

1 将蛋黄、全蛋和糖拌匀，加入香槟，隔热水快速搅拌至浓稠。

2 将泡软的吉利丁加入步骤1，拌融化后隔冰水降至手温备用。

3 将步骤2分次加入打发的淡奶油中，搅拌均匀即成香槟沙巴勇馅。

4 将步骤3的馅料装入挤袋，挤入封好保鲜膜、垫有蛋糕片的模具至一半高。

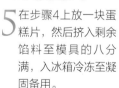

5 在步骤4上放一块蛋糕片，然后挤入剩余馅料至模具的八分满，入冰箱冷冻至凝固备用。

6 将水蜜桃泥加糖加热至糖融化，加入泡软的吉利丁片拌融化。

7 将步骤6隔冰水降温后加入水蜜桃酒拌匀。

8 将步骤7倒入步骤5的馅料上，抹平再冷冻至凝固备用。

9 用火枪加热模具边缘至脱模。

10 在蛋糕边缘贴上马卡龙饼干，表面装饰巧克力配件和水果即可。

制作指导

吉利丁要先用冰水泡软再捞出吸干水分备用。

雨后见彩虹

肉桂开心果蛋糕

所需时间
60 分钟左右

材料 Ingredient

肉桂开心果馅材料		转化糖浆	8克	糖	70克
打发淡奶油	87克	可可脂	25克	水	18克
开心果酱	20克	**巧克力慕斯馅材料**		**其他材料**	
肉桂粉	2克	黑巧克力	81克	蛋糕体	适量
白巧克力	162克	打发鲜奶油	125克	巧克力配件	适量
无盐奶油	38克	蛋黄	60克	水果	适量
		全蛋	50克	马卡龙饼干	适量

做法 Recipe

1 将白巧克力切碎，加入可可脂、转化糖浆和无盐奶油，隔热水融化。

2 将肉桂粉和开心果酱加入步骤1中拌匀后，隔冰水降温至38℃左右。

3 将步骤2分次加入打发的淡奶油中，拌匀即成肉桂开心果馅备用。

4 将糖、水加热至120℃，冲入打散的蛋黄、全蛋中快速搅拌至发白浓稠。

5 将黑巧克力隔热水融化后，加入步骤4中拌匀，再隔冰水降温至38℃左右。

6 将步骤5加入打发的鲜奶油中，拌匀即成巧克力慕斯馅。

7 将步骤6的巧克力慕斯馅倒一半在模具中，抹平再放上一片蛋糕片。

8 在步骤7的上面再挤上步骤2的馅，抹平，倒入剩余的巧克力慕斯馅抹平，入冰箱冷冻至凝固。

9 从冰箱拿出，用火枪加热模具边缘至脱模。

10 将脱模的蛋糕用巧克力配件和水果、马卡龙饼干装饰即可。

制作指导

步骤5冷却温度不能太低，否则馅料容易凝固。

浓情蜜意
南瓜香草奶油蛋糕

所需时间
120 分钟左右

材料 Ingredient

南瓜奶油馅材料		朗姆酒	5克	打发鲜奶油	80克
即溶吉士粉	20克	**香草巧克力馅材料**		**其他材料**	
牛奶	65克	麦芽糖	30克	蛋糕体	适量
南瓜泥	95克	香草精	适量	透明果膏	适量
打发鲜奶油	95克	可可脂	适量	巧克力配件	适量
吉利丁	2克	白巧克力	25克	水果	适量
肉桂粉	少许	鲜奶油	187克	干果	适量

做法 Recipe

1 将牛奶和即溶吉士粉拌匀后，加入南瓜泥并加热至60℃，再加入肉桂粉拌匀。

2 将泡软的吉利丁加入步骤1中拌融化，再加入朗姆酒拌匀。

3 将步骤2降温后分次加入打发的鲜奶油中，拌匀即成南瓜奶油馅。

4 将步骤3挤入封好保鲜膜、垫有蛋糕片的模具中至一半高并拌平，放入冰箱冷冻至凝固。

5 将不打发的鲜奶油、麦芽糖加热，加入白巧克力、可可脂、香草精拌匀。

6 将步骤5冷却后加入打发的鲜奶油中，拌匀即成香草巧克力馅。

7 将步骤6的馅料倒入步骤4的模具内抹平，放入冰箱冷冻至凝固。

8 将步骤7用火枪加热模具边缘至脱模。

9 在蛋糕表面扫上透明果膏，插上巧克力圈。

10 用多种水果、干果装饰即可。

制作指导
南瓜要先烤熟或蒸熟后搅成泥，如南瓜不甜可加适量的糖调味。

情深似海
加勒比海蛋糕

所需时间
95 分钟左右

材料 Ingredient

巧克力馅材料		椰子芭芭露馅材料		打发淡奶油	120克
牛奶、巧克力	各65克	牛奶	65克	椰子酒	3克
蛋黄、糖	各20克	椰丝	8克	**其他材料**	
淡奶油	95克	椰浆	65克	蛋糕体	适量
吉利丁朗姆酒	适量	蛋黄	25克	透明果膏	适量
		糖	20克	巧克力果膏	适量
		吉利丁	3克	巧克力配件	适量
				水果	适量

做法 Recipe

1 将牛奶、蛋黄和糖拌匀，隔水加热搅拌至发白浓稠，加入泡软的吉利丁拌至融化。

2 将切碎的巧克力趁热加入步骤1中搅拌至融化，再隔冰水降温至36℃。

3 将步骤2分次加入打发的淡奶油中搅拌均匀，再加入朗姆酒，拌匀后即成巧克力馅。

4 将步骤3倒入封好保鲜膜、垫有蛋糕片的模具中抹平，放入冰箱冷冻至凝固备用。

5 将牛奶、椰浆、椰丝加热至80℃，冲入蛋黄、糖中拌匀，并隔热水搅拌至浓稠。

6 将泡软的吉利丁加入步骤5中搅拌至融化，并隔冰水降至35℃。

7 将步骤6分次加入打发的淡奶油中拌匀，再加入椰子酒拌匀，即成椰子芭芭露馅。

8 将椰子芭芭露馅倒入已冷冻至凝固的步骤4的馅料上，抹平，再放入冰箱冷冻至凝固。

9 将步骤8抹上透明果膏，挤上巧克力果膏线条，用火枪加热至脱模。

10 在步骤9的蛋糕表面再用各式巧克力配件和水果装饰即可。

制作指导
　　一定要等第一层巧克力馅完全冷冻至凝固后才能倒入第二层椰子芭芭露馅。

179

双城变奏曲

草莓芒果慕斯蛋糕

所需时间
60 分钟左右

材料 Ingredient

草莓慕斯馅材料

水	33克	鲜奶油	87克	吉利丁	5克
草莓酱	73克	柠檬酒	3克	鲜奶油	80克
蛋白	13克	**芒果慕斯馅材料**		君度酒	3克
糖	13克	水	33克	**其他材料**	
吉利丁	5克	芒果泥	40克	蛋糕体	适量
		蛋白	13克	巧克力配件	适量
		糖	10克	水果	适量
				马卡龙饼干	适量

做法 Recipe

1 将水和草莓酱煮开，加入泡软的吉利丁拌匀。

2 将步骤1隔冰水降至35℃后，与鲜奶油拌匀，备用。

3 将糖加水煮至120℃，冲入五成发的蛋白打至八成发，与步骤2拌匀，加柠檬酒拌成草莓慕斯馅。

4 模具封上保鲜膜，放一片蛋糕片，倒入草莓慕斯馅抹平，放入冰箱冷冻至凝固备用。

5 将水和芒果泥煮开，加入泡软的吉利丁拌匀。

6 将步骤5隔冰水降至手温，与鲜奶油拌匀备用。

7 糖加水煮至120℃，冲入已打至五成发的蛋白中，再打至八成发。

8 将步骤7与步骤6拌匀，加入君度酒拌匀，即成芒果慕斯馅。

9 将芒果慕斯馅倒入步骤4的草莓慕斯馅上，抹平，放入冰箱冷冻至凝固。

10 将步骤9脱模，摆上新鲜水果和马卡龙饼干，侧边贴上巧克力配件装饰即可。

制作指导

蛋白要先搅拌至五成发呈滞状，才可加入热糖水快速搅拌至全发。

酸甜人生
覆盆子手指蛋糕

所需时间
85 分钟左右

材料 Ingredient

慕斯馅材料

蛋黄	40克
糖	40克
水	少许
白乳酪	133克
打发淡奶油	150克
吉利丁	4克
覆盆子果粒	适量

淋面酱材料

覆盆子果泥	150克
糖	40克
吉利丁	5克

其他材料

手指蛋糕片	适量
巧克力配件	适量
水果	适量
马卡龙饼干	适量

做法 Recipe

1 将糖和水加热至120℃后，再冲入蛋黄中，快速搅拌至发白浓稠，备用。

2 将白乳酪隔热水软化至无颗粒。

3 将步骤1分次加入步骤2中搅拌均匀。

4 在步骤3中加入冷冻的覆盆子果粒拌匀。

5 在步骤4中加入隔热水融化的吉利丁拌匀，冷却至35℃后备用。

6 将步骤5分次加入打发的淡奶油中，拌匀即成慕斯馅。

7 将模具封好保鲜膜，边上围一圈手指蛋糕片，底部也垫一层手指蛋糕片。

8 将步骤6的馅料挤入步骤7的模具内抹平，放入冰箱冷冻至凝固备用。

9 将覆盆子果泥加糖煮开，再加入泡软的吉利丁拌至融化。

10 将步骤9隔冰水降温后，倒入步骤8冷冻好的蛋糕表面，再放入冰箱冷冻至凝固。

11 将步骤10的蛋糕拿出，用火枪加热模具边缘至脱模。

12 在蛋糕表面装饰巧克力配件、水果及马卡龙饼干即可。

制作指导

淋面酱倒入蛋糕面时其温度不要超过38℃，否则容易将蛋糕慕斯馅熔化。

热带风情
香蕉乳酪蛋糕

所需时间 65 分钟左右

材料 Ingredient

香蕉蛋糕片材料

杏仁粉	100克	水	少许
糖粉	100克	蛋黄	25克
全蛋	140克	奶油芝士	135克
香蕉肉	100克	柠檬汁	2克
蛋白	36克	打发淡奶油	135克
糖	20克	吉利丁	3克
融化奶油	40克	**其他材料**	
芝士慕斯馅材料		透明果膏	适量
糖	35克	巧克力配件	适量
		水果	适量

做法 Recipe

1 将全蛋、杏仁粉和糖粉一起打发至浓稠，再加入香蕉肉拌匀。

2 将蛋白加糖打至温性起发，分次加入步骤1中拌匀。

3 在步骤2中加入融化奶油，拌匀后倒入垫纸烤盘，抹平。

4 将步骤3放入预热至180℃的烤箱中，烤25分钟出烤箱即成香蕉蛋糕片，放凉备用。

5 将糖和水加热至120℃，冲入打散的蛋黄中，快速搅打至发白浓稠。

6 将奶油芝士隔热水软化至无颗粒，再加入泡软的吉利丁拌至融化。

7 将步骤5分次加入步骤6中，搅拌均匀后再隔冰水降至手温，加入柠檬汁拌匀。

8 将步骤7分次加入打发的淡奶油中，拌匀即成芝士慕斯馅。

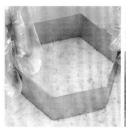

9 将步骤8的馅料挤入模具中，中间加一片香蕉蛋糕片，再挤上芝士慕斯馅料，抹平，冷冻至凝固备用。

10 将步骤9的蛋糕用火枪加热模具边缘至脱模。

11 在蛋糕表面抹上透明果膏，边缘贴上巧克力片。

12 在蛋糕上装饰水果和巧克力配件即可。

制作指导

奶油融化的温度要保持在40℃，否则奶油容易沉淀结晶。

神圣的爱

西番莲巧克力蛋糕

所需时间
65 分钟左右

材料 Ingredient

巧克力慕斯馅材料		糖	15克
苦甜巧克力	50克	吉利丁	4克
无盐奶油	48克	西番莲泥	65克
蛋黄	25克	蛋白	50克
蛋白	45克	糖	50克
水	少许	水	少许
糖	45克	其他材料	
西番莲慕斯馅材料		蛋糕体	适量
淡奶油	50克	透明果膏	适量
蛋黄	40克	巧克力配件	适量
		水果	适量

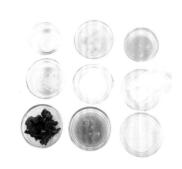

做法 Recipe

1 将苦甜巧克力和无盐奶油隔热水融化，再加入蛋黄隔热水拌匀。

2 将步骤1隔冰水降温至38℃左右备用。

3 将糖、水加热至120℃，冲入搅拌至五成发的蛋白中，继续搅拌至全发，制成意大利蛋白霜。

4 将步骤3分次加入步骤2中，拌匀后即成巧克力慕斯馅。

5 将步骤4倒入封好保鲜膜、垫有蛋糕片的模具中抹平，放入冰箱冷冻至凝固备用。

6 将蛋黄、糖、淡奶油和西番莲泥拌匀后隔热水搅拌至浓稠。

7 将泡软的吉利丁加入温热的步骤6中，拌融化后再隔冰水降至手温备用。

8 将糖、水加热至120℃，冲入搅拌至五成发的蛋白中，继续搅拌至全发。

9 将步骤8分次加入步骤7中，搅拌均匀即成西番莲慕斯馅。

10 将步骤9倒入步骤5面上抹平，再放入冰箱冷冻至凝固备用。

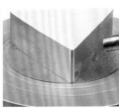

11 将步骤10从冰箱拿出，用火枪加热模具边缘至脱模。

12 在脱模的蛋糕表面扫上透明果膏，放上多种巧克力配件和水果装饰即可。

制作指导

意大利蛋白霜不要搅打过头，八成发即可，否则容易成豆腐渣样。

深情的依恋
杏仁巧克力蛋糕

所需时间 75 分钟左右

材料 Ingredient

杏仁奶油馅材料		蛋黄	1个
无盐奶油	130克	糖	25克
杏仁膏	130克	牛奶	50克
樱桃酒	20毫升	巧克力碎	30克
牛奶	100毫升	兰姆酒	8毫升
糖	25克	其他材料	
蛋黄	25克	蛋糕体	适量
香草粉	少许	草莓等水果	适量
玉米淀粉	8克	马卡龙饼干	适量
巧克力奶油馅材料		巧克力配件	适量
奶油	75克		

做法 Recipe

1 将无盐奶油、杏仁膏混合拌匀后，加入樱桃酒拌匀。

2 将牛奶、糖、蛋黄、香草粉、玉米淀粉倒在一起，隔热水一边搅拌一边加热至浓稠。

3 将步骤2倒入步骤1中完全拌匀。

4 装入裱花袋，挤入封好保鲜膜、垫有蛋糕体的模具内，在其表面再放一块蛋糕体，放入冰箱冷冻至凝固。

5 把蛋黄、糖、牛奶隔热水一边煮一边搅拌至浓稠。

6 加入巧克力碎，拌至完全融化。

7 加入奶油，拌至融化，再加入兰姆酒完全拌匀。

8 装入裱花袋，挤入步骤4中。

9 用抹刀抹平，放入冰箱冷冻至凝固。

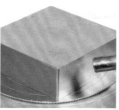

10 将步骤9取出，用火枪在边缘加热至脱模。

11 在表面挤上奶油，放上草莓装饰。

12 放上马卡龙饼干、其他水果及巧克力配件装饰即可。

制作指导
杏仁膏要先在台面上搓软至无颗粒状才能和无盐奶油拌匀。

爱护你的肾
兰姆板栗蛋糕

所需时间 **50** 分钟左右

材料 Ingredient

板栗泥	150克	糖	50克
淡奶油	100克	水	少许
吉利丁	7克	板栗泥	适量
兰姆酒	12毫升	糖炒板栗	适量
蛋白	100克	杏仁	适量

做法 Recipe

1 将板栗馅、淡奶油一起加热拌匀。

2 加入泡软的吉利丁拌至融化，再隔冰水降至38℃。

3 加入兰姆酒拌匀。

4 糖、水一起加热至120℃。

5 将蛋白打至起粗泡，冲入糖水，快速打至八成发，制成意大利蛋白霜。

6 将蛋白霜分次加入步骤3中拌匀，装入裱花袋中。

7 将模具底用保鲜膜封好，放入巧克力蛋糕片。

8 将步骤6的一半挤入模具中,抹平。

9 再放一片蛋糕片。

10 将步骤6剩下的馅料挤入步骤9中,抹平,放入冰箱冷冻至凝固。

11 取出步骤10,用火枪加热模具侧边至脱模。

12 在蛋糕上挤上板栗泥，摆上几颗糖炒板栗，侧边贴上杏仁装饰即可。

制作指导

板栗泥可买新鲜板栗去皮煮熟压烂成泥，晾干后过筛备用。

心如磐石
巧克力大理石蛋糕

所需时间
60 分钟左右

材料 Ingredient

巧克力馅材料

奶油芝士	240克
塔塔粉	5克
酸奶	60克
全蛋	60克
盐	0.5克
玉米粉	1克
香草粉	2克
蛋白	75克
糖	65克
可可粉	20克
兰姆酒	25克

面团材料

无盐奶油	150克
糖粉	105克
低筋面粉	267克
全蛋	32克
盐	2克
玉米粉	60克
泡打粉	3克

其他材料

透明果膏	适量
水果	适量

做法 Recipe

1 将无盐奶油与糖粉拌至糖粉完全溶入无盐奶油中。

2 将全蛋分次加入步骤1中拌匀。

3 将玉米粉、泡打粉、盐、低筋面粉加入步骤2中拌匀。

4 将步骤3揉成团，用保鲜膜包住，放冰箱冷冻2个小时备用。

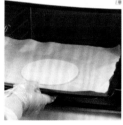

5 将步骤4拿出擀开，用圆模印出圆形片，用叉子叉洞，以180℃烤12分钟左右出烤箱备用。

6 将奶油芝士搅至软化，加入糖拌至糖融化，再分次加入全蛋拌匀。

7 将玉米粉和香草粉加入步骤6中拌匀，再与酸奶拌匀。

8 将蛋白打起粗泡，将糖和塔塔粉加入，快速打至湿性发泡。

9 将步骤8分次加入步骤7中拌匀。

10 将可可粉与兰姆酒拌匀，加入少许步骤9的面糊拌匀，再与步骤9余下的面糊稍微拌两下。

11 将步骤5烤好的蛋糕片放入模具，入烤箱再倒入步骤10，以180℃的温度隔水烤至上色，降至150℃烤熟。

12 出烤箱，冷却后脱模，表面刷上透明果膏，摆上新鲜水果，插上材料装饰即可。

制作指导

可可粉倒入面糊中搅拌的时间不可太久，稍微搅拌出大理石花纹即可。

相知相守
蛋黄黑加仑蛋糕

所需时间
30 分钟左右

材料 Ingredient

蛋黄慕斯馅材料

淡奶油	150克
白巧克力碎	233克
蛋黄	100克
吉利丁	13克
打发淡奶油	187克

黑加仑慕斯馅材料

黑加仑果泥	107克
水	67毫升

蛋白	27克
麦芽糖	33克
吉利丁	5克
打发淡奶油	167克

其他材料

蛋糕体	适量
巧克力配件	适量
果仁	适量
马卡龙饼干	适量

做法 Recipe

1 将淡奶油、蛋黄混合拌匀，再隔水煮至浓稠。

2 加入白巧克力碎拌至融化。

3 加入泡软的吉利丁融化，再隔冰水降至38℃。

4 将步骤3分次加入打发的淡奶油中拌匀。

5 用保鲜膜封住模具底，放入蛋糕体，将慕斯馅倒入抹平，放入冰箱冷冻至凝固。

6 将麦芽糖、水隔热水拌至融化，加入蛋白快速打至湿性发泡。

7 加入泡软的吉利丁拌至融化。

8 加入黑加仑果泥拌匀后，隔冰水降至35℃。

9 将步骤8分次加入打发的淡奶油中拌匀，装入裱花袋。

10 将步骤9挤入步骤5中抹平，放入冰箱冷冻至凝固。

11 取出步骤10，用火枪加热模具侧边至脱模。

12 在蛋糕表面放上各种巧克力配件、果仁、马卡龙饼干装饰即可。

制作指导

　　蛋白要加入热糖水中，再隔热水快速搅拌至起发。

清爽伊人

薄荷萝芙岚蛋糕

所需时间
65 分钟左右

材料 Ingredient

薄荷馅材料		糖	35克
糖	25克	水	少许
蛋黄	25克	吉利丁	4克
牛奶	100毫升	乳酪	100克
薄荷叶	8克	打发淡奶油	120克
吉利丁	3克	其他材料	
薄荷酒	5毫升	蛋糕体	适量
打发淡奶油	100克	巧克力配件	适量
萝芙岚馅材料		水果	适量
蛋黄	25克		

做法 Recipe

1 将牛奶、薄荷叶加热至85℃，再焖10分钟过筛。

2 将糖、蛋黄和步骤1混合拌匀，再隔水煮至浓稠。

3 加入泡软的吉利丁拌至融化，再隔冰水降至35℃。

4 将步骤3分次加入打发的淡奶油中拌匀。

5 加入薄荷酒拌匀。

6 将步骤5倒入放有蛋糕体的模具内，放入冰箱冷冻至凝固。

7 将糖、水煮至120℃，冲入蛋黄中快速打至发白浓稠。

8 将乳酪隔热水拌至软化。

9 将步骤7分次加入步骤8中拌匀。

10 加入泡软的吉利丁拌至融化，再隔冰水降至35℃。

11 将步骤10分次加入打发的淡奶油中拌匀。

12 将步骤11倒入步骤6中抹平，放入冰箱冷冻至凝固。

13 取出，用火枪加热模具侧边至脱模。

14 在蛋糕侧边贴上巧克力片，表面放上各种新鲜水果、巧克力配件装饰即可。

制作指导

　　将淡奶油打至六成发即可成软鸡尾状。洗净的薄荷叶和牛奶加热至85℃左右，再盖上焖10分钟，这样它的香味会充分散发出来。

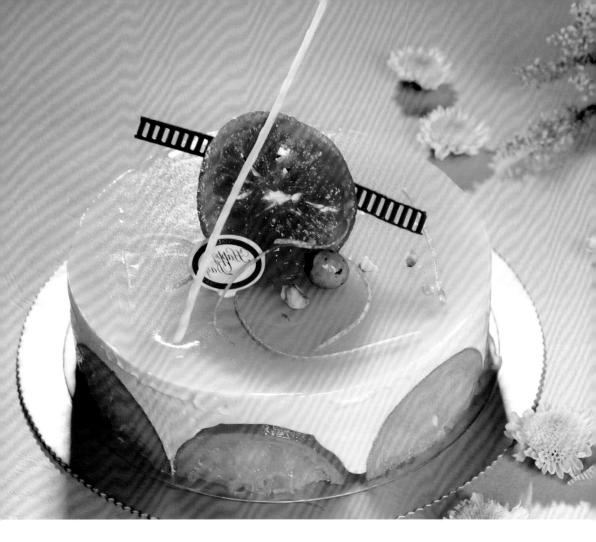

温暖的回忆

彩虹柳橙蛋糕

所需时间
65 分钟左右

材料 Ingredient

水	65毫升	打发淡奶油	165克
糖	138克	君度酒	10毫升
橙皮丝	适量	柳橙片	适量
蛋黄	3个	蛋糕体	适量
柳橙汁	165毫升	吉利丁	适量
蛋白	38克	巧克力配件	适量
		果仁	适量

制作指导

　　橙要切成厚薄一样的片，再加1∶1的糖水煮过晾干备用。

做法 Recipe

1 将50克糖、100毫升水煮至120℃。

2 将蛋黄打散后冲入糖水，快速拌至浓稠。

3 加入100毫升柳橙汁、橙皮丝拌匀使用。

4 将50克糖、50毫升水煮至120℃。

5 将蛋白打至五成发，冲入糖水，快速打至八成发，即成意大利蛋白霜。

6 将意大利蛋白霜加入打发的淡奶油中拌匀。

7 将步骤3加入步骤6中拌匀。

8 加入泡软的吉利丁拌至融化。

9 加入君度酒拌匀，装裱花袋备用。

10 将模具用保鲜膜封好，底部放蛋糕片，内侧放柳橙片。

11 将步骤9挤入模具中，抹平，放入冰箱，冷冻至凝固。

12 将65毫升柳橙汁、38克糖混合拌匀，加热至糖熔化。

13 加入泡软的吉利丁，拌至融化，再隔冰水降至35℃。

14 将步骤13倒入步骤11中，再放入冰箱冷冻至凝固。

15 用火枪加热模具侧边脱模。

16 在蛋糕上放柳橙片，各种巧克力配件、果仁装饰即可。

心里只有你
榛果香蕉夹心蛋糕

所需时间 55 分钟左右

材料 Ingredient

布丁夹心馅材料		榛果馅材料		咖啡酒	适量
水	130毫升	牛奶	32毫升	榛果酱	适量
糖	30克	糖	13克	香蕉	适量
布丁粉	15克	玉米粉	适量	其他材料	
奶粉	10克	吉利丁	适量	巧克力配件	适量
打发淡奶油	50克	打发淡奶油	适量	蛋糕体	适量
蛋黄	15克	蛋黄	适量	水果	适量

制作指导

　　加有玉米淀粉的蛋黄糊要快速搅拌，否则容易糊底结块。

做法 Recipe

1 将打发淡奶油、蛋黄混合拌匀，再隔水煮至浓稠。

2 将布丁粉、奶粉、糖、水混合拌匀，再煮至沸腾。

3 将步骤2加入步骤1中拌匀，再过筛。

4 将步骤3倒入封好保鲜膜的模具内，放入冰箱冷冻至凝固，即成布丁夹心馅。

5 将牛奶、糖、玉米粉、蛋黄混合拌匀，再隔水煮至浓稠。

6 加入泡软的吉利丁拌至融化，隔冰水降至35℃。

7 将步骤6分次加入打发的淡奶油中拌匀。

8 加入榛果酱拌匀。

9 加入香蕉肉碎拌匀。

10 加入咖啡酒拌匀即成榛果馅，装裱花袋。

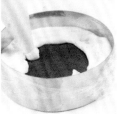

11 将步骤10榛果馅的一半倒入封好保鲜膜、垫有蛋糕片的模具内抹平。

12 放入步骤4的布丁夹心馅。

13 继续倒入步骤10剩余榛果馅，抹平，放入冰箱冷冻至凝固。

14 取出，用火枪加热模具侧边至脱模。

15 在蛋糕表面摆上各种巧克力配件、新鲜水果。

16 插上巧克力棍装饰即可。

水晶之恋
杏仁慕斯蛋糕

所需时间 **75** 分钟左右

材料 Ingredient

杏仁慕斯馅材料		蛋黄	20克	淋面酱材料	
无盐奶油	50克	糖	80克	白巧克力	50克
杏仁粉	50克	布丁粉	6克	淡奶油	50克
糖粉	50克	樱桃酒	15克	其他材料	
牛奶	80克	蛋白	85克	蛋糕体	适量
		水	少许	巧克力配件	适量
				水果	适量

做法 Recipe

1 将无盐奶油、糖粉和杏仁粉搅拌至柔软松发。

2 将蛋黄、糖、布丁粉、牛奶拌匀后，隔热水打发至浓稠。

3 将步骤2分次加入步骤1中搅拌均匀。

4 将糖水煮至120℃后，在其中冲入打至五成发的蛋白，搅打成蛋白霜。

5 将步骤4分次加入步骤3中拌匀，加入樱桃酒，拌匀即成杏仁慕斯馅。

6 将步骤5倒入封好保鲜膜、垫有蛋糕片的模具中至八分满，抹平，放入冰箱冷冻至凝固。

7 将淡奶油和白巧克力隔水加热至融化。

8 将步骤7冷却后倒入冷冻至凝固的步骤6的表面抹平，再放入冰箱冷冻至凝固备用。

9 将步骤8拿出，用火枪加热模具边缘至脱模。

10 将脱模的慕斯蛋糕用多种巧克力配件和水果装饰即可。

制作指导

将淡奶油和白巧克力融化时要应朝同一个方向搅拌，水温不宜过高，否则容易呈沙粒状。

纯洁的爱情
白玫瑰慕斯蛋糕

所需时间
55 分钟左右

材料 Ingredient

白巧克力慕斯馅材料		淡奶油	38克
牛奶	33克	玫瑰花茶	5克
蛋黄	30克	吉利丁	4克
糖	20克	蛋黄	25克
白巧克力	67克	糖	25克
无盐奶油	13克	玉米粉	2克
吉利丁	10克	其他材料	
淡奶油	80克	蛋糕体	适量
打发淡奶油	173克	巧克力配件	适量
玫瑰奶冻材料		水果	适量
牛奶	90克		

做法 Recipe

1 将蛋黄、糖和牛奶拌匀后，隔热水搅拌至浓稠。

2 将无盐奶油加入步骤1中拌匀，再加入泡软的吉利丁拌至融化。

3 将淡奶油加热，加入切碎的白巧克力拌至融化。

4 将步骤3加入步骤2中拌匀，再降温至38℃左右。

5 将步骤4分次加入打发的淡奶油中，拌匀后即成白巧克力慕斯馅。

6 将步骤5的馅料倒入封好保鲜膜、垫有蛋糕片的模具内抹平，放入冰箱冷冻至凝固备用。

7 将牛奶、淡奶油加热至80℃，加入玫瑰花茶焖10分钟左右，过滤备用。

8 将步骤7加入搅拌均匀的蛋黄、糖、玉米粉中，隔热水搅拌至浓稠。

9 将泡软的吉利丁加入步骤8中拌匀，再降至35℃备用。

10 将步骤9倒入步骤6中抹平，放入冰箱冷冻至凝固。

11 将步骤10拿出加热脱模。

12 在脱模的蛋糕上装饰多种巧克力配件和水果即可。

制作指导
可在玫瑰奶茶中留少许玫瑰花瓣作点缀。

吉祥如意
曼达琳慕斯蛋糕

所需时间
75 分钟左右

材料 Ingredient

芝士慕斯馅材料

芝士	85克
糖	50克
酸奶	45克
柠檬汁	20克
吉利丁	3克
蛋黄	20克
水	少许

蜜柑橘慕斯馅材料

橘子果汁	100克
蛋黄	25克
糖	40克
吉利丁	3克
打发淡奶油	100克
橘子果肉	适量

其他材料

蛋糕体	适量
巧克力配件	适量
水果	适量

做法 Recipe

1 将糖和水加热至120℃，冲入打散的蛋黄中，快速搅拌至浓稠。

2 将芝士搅拌至松软，加入糖拌至融化。

3 将酸奶和柠檬汁分次加入步骤2中拌匀。

4 将步骤1分次加入步骤3中拌匀。

5 将吉利丁溶液加入步骤4中，拌匀即成芝士慕斯馅。

6 将步骤5倒入垫好蛋糕片的模具内，抹平，放入冰箱冷冻至凝固备用。

7 将蛋黄、糖和橘子果汁拌匀后，用小火加热，快速搅拌至浓稠。

8 将泡软的吉利丁加入步骤7中拌至融化。

9 将橘子果肉加入步骤8中拌匀后，再降温至35℃备用。

10 将步骤9分次加入打发的淡奶油中，拌匀即成蜜柑橘慕斯馅。

11 将步骤10的馅料倒入步骤6的模具内抹平，放入冰箱冷冻至凝固。

12 将步骤11脱模后装饰即可。

制作指导

　　将橙汁、蛋黄和糖加热时要注意用小火，并且要快速搅拌，否则容易结块。

心心相印
黛希慕斯蛋糕

材料 Ingredient

草莓慕斯馅材料

草莓果泥	120克
草莓果肉	15克
柠檬汁	5克
吉利丁	5克
蛋白	40克
糖	40克
水	少许
打发淡奶油	100克

淋面酱材料

草莓果泥	150克
草莓果肉	适量
柠檬汁	5克
糖	50克
吉利丁	6克

其他材料

蛋糕体	适量
果仁	适量

巧克力配件	适量
水果	适量

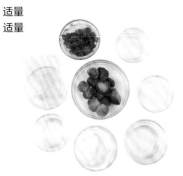

制作指导

鲜草莓可用糖和君度酒腌制2小时再做成
草莓果泥和草莓果肉。

做法 Recipe

1 将草莓果泥和泡软的吉利丁一起隔热水拌至融化。

2 加入草莓果肉拌匀，再隔冰水降温至38℃。

3 加入柠檬汁拌匀。

4 将糖加少许水煮至120℃。

5 将蛋白打至粗泡，冲入糖水，快速打至八成发即成意大利蛋白霜。

6 将步骤5加入打发的淡奶油中拌匀。

7 加入步骤3拌匀，装入裱花袋中。

8 用保鲜膜封住模具底，放入一片原味蛋糕体。

9 将步骤7挤入模具内，抹平，放入冰箱冷冻至凝固。

10 将草莓果泥、糖一起加热至糖熔化。

11 加入泡软的吉利丁拌至融化。

12 加入草莓果肉拌匀。

13 加入柠檬汁拌匀，放至手温。

14 将步骤13倒入步骤9中，再放入冰箱冷冻至凝固。

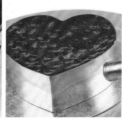

15 用火枪加热模具侧边至脱模。

16 在蛋糕侧边贴上巧克力片，表面放上各种新鲜水果、果仁、巧克力配件装饰即可。

209

完美无缺
菠萝椰奶慕斯蛋糕

所需时间
80 分钟左右

材料 Ingredient

菠萝慕斯材料		椰奶慕斯材料		其他材料	
菠萝肉	188克	椰子奶	20克	蛋糕体	适量
吉利丁	5克	牛奶	40克	巧克力配件	适量
打发淡奶油	95克	蛋白	25克	水果	适量
蛋白	25克	糖	35克		
糖	45克	打发淡奶油	110克		
水	少许	吉利丁	3克		
金酒	5克	水	少许		

制作指导

菠萝肉要用盐水泡过后再加糖水泡软，否则会涩口，而且很难榨成泥。

做法 Recipe

1 将菠萝肉榨成泥，再加热至80℃。

2 加入泡软的吉利丁拌至融化，再隔冰水降温至38℃备用。

3 将糖、水一起加热至120℃。

4 将蛋白打至五成发，冲入糖水，快速打至八成发即成意大利蛋白霜。

5 将意大利蛋白霜加入打发的淡奶油中拌匀。

6 将步骤5分次加入步骤2中拌匀。

7 加入金酒拌匀，装入裱花袋中备用。

8 用保鲜膜封住模具底，放入一片原味蛋糕。

9 将步骤7挤入模具中抹平，放入冰箱冷冻至凝固备用。

10 将椰子奶、牛奶一起拌匀，再加热至80℃。

11 加入泡软的吉利丁拌至融化，再隔冰水降温至35℃。

12 将糖、水一起加热至120℃。

13 将蛋白打至五成发，冲入糖水，快速打至八成发即成意大利蛋白霜。

14 将意大利蛋白霜加入打发的淡奶油中拌匀。

15 加入步骤11拌匀。

16 将步骤15倒入步骤9中抹平，放入冰箱冷冻至凝固。

17 用火枪加热模具侧边至脱膜。

18 在侧边贴上巧克力片，在蛋糕面上放上巧克力配件及水果装饰即可。

PART 4 高级

蛋糕制作

　　经过屡次实践，相信你现在制作蛋糕的水平已经上升到了一定的高度，定有不少制作心得。想挑战自己，制作出更多更有特色的蛋糕吗？以下为你挑选的这些蛋糕，虽然难度较中级略有提升，但只要你用心，一样可以轻松学会！

满满的幸福

欧式草莓巧克力花篮蛋糕

所需时间
15 分钟左右

材料 Ingredient

蛋糕体	1个
糖粉	15克
鲜奶油	150克
镜面果膏	适量
草莓、蓝莓	适量
巧克力配件	适量
绿叶等配饰	适量

做法 Recipe

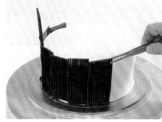

1 用鲜奶油抹好一个直角蛋糕体，侧面围上条纹巧克力片。

2 在蛋糕面上摆满草莓。

3 在草莓之间的空隙中放一些蓝莓作装饰。

4 将做好的"桶柄"用巧克力粘合上去。

5 在水果面上扫上镜面果膏。

6 将"桶身"用丝线围扎下，在蛋糕面上撒上糖粉即可。

制作指导

　　最好用一样大小的草莓，放绿叶时不要放太多。

215

宠物宝宝

奶油巧克力蛋糕

材料 Ingredient

蛋糕体	1个	红色巧克力泥	适量
鲜奶油	150克	蓝色巧克力泥	适量
黑色巧克力泥	适量	草莓等水果	适量
白色巧克力泥	适量	马卡龙饼干	适量
黄色巧克力泥	适量	巧克力配件	适量

做法 Recipe

1 用巧克力泥捏企鹅的身体、头、脚、围巾。

2 粘合企鹅的手,做出眼睛。

3 做出企鹅的嘴巴、鼻子。

4 用蓝色巧克力泥做成字母 "e" 作装饰。

5 用火枪将企鹅及 "e" 烧光滑。

6 在抹好的直角蛋糕体上放上一片巧克力。

7 用平嘴在蛋糕侧面打出花边。

8 将做好的企鹅放在巧克力上。

9 摆上多种水果及马卡龙饼干。

10 用巧克力配件装饰即可。

制作指导

要把企鹅的嘴巴捏扁,再用工具压。

米奇老鼠

水果奶油蛋糕

所需时间
30 分钟左右

材料 Ingredient

蛋糕体	1个	花生碎	适量
草莓、猕猴桃等水果	适量	镜面果膏	适量
巧克力泥	适量	鲜奶油	150克
银珠糖	适量	巧克力配件	适量

做法 Recipe

1 用巧克力泥捏好米老鼠的身体和脚。

2 做好衣服粘合上去。

3 捏好手，用绿色的巧克力泥作装饰，摆上银珠糖。

4 做好米老鼠的头。

5 将做好的帽子粘合上去，用火枪将其烧光滑。

6 用鲜奶油抹好直角蛋糕体，撒上花生碎，将做好的米老鼠放在上面。

7 摆上多种水果。

8 摆上巧克力配件。

9 扫上镜面果膏即可。

制作指导
米老鼠的衣服要包上去之后再进行裁剪。

219

可爱的哆啦A梦
蓝莓巧克力蛋糕

所需时间
30 分钟左右

材料 Ingredient

蛋糕体	1个	镜面果膏	适量
鲜奶油	150克	蓝莓果膏	适量
巧克力泥	适量	巧克力配件	适量
花生碎	适量	草莓等水果	适量

做法 Recipe

1 用巧克力泥捏好哆啦A梦的身体和脚。

2 粘合上手和脖子。

3 做好项圈和哆啦A梦的头再描出五官。

4 粘上眼睛和铃铛。

5 贴上红鼻子。

6 用鲜奶油抹好直角蛋糕体，淋上蓝莓果膏，撒上花生碎。

7 将果膏抹平。

8 将做好的哆啦A梦放在平面上。

9 摆上水果等作装饰。

10 插上巧克力配件，扫上镜面果膏即可。

制作指导

哆啦A梦的蓝白两种颜色需要分辨出来。

诺曼底之恋
奶油巧克力蛋糕

所需时间
30 分钟左右

材料 Ingredient

蛋糕体	1个	巧克力配件	适量
鲜奶油	165	草莓等水果	适量
镜面果膏	适量		

做法 Recipe

1 用巧克力泥捏好女孩的身体和裙子，再将男孩的脚捏出来。

2 粘上他们的衣袖，放上一个红心。

3 做出他们的手和男孩的头，粘合上去。

4 做出女孩的头，再将细头发粘上去。

5 用火枪将其烧光滑。

6 用鲜奶油抹好直角蛋糕体，在边上贴上巧克力片。

7 用缺口嘴挤上花边。

8 将做好的情侣放在蛋糕面上。

9 摆上水果及巧克力配件作装饰。

10 扫上镜面果膏即可。

制作指导

　　做人物的头时，在头中间要用工具滚出一条凹痕。

223

天使之恋
巧克力水果蛋糕

所需时间
30 分钟左右

材料 Ingredient

蛋糕体	1个	黑巧克力果膏	适量
鲜奶油	150克	镜面果膏	适量
巧克力泥	适量	巧克力配件	适量
白巧克力果膏	适量	草莓、猕猴桃等水果	适量

做法 Recipe

1 用巧克力泥捏出天使的身体和脚。

2 粘合上手和脖子。

3 贴上围巾、头、头发。

4 贴上翅膀和眼睛。

5 用火枪将其烧光滑。

6 用鲜奶油抹好直角蛋糕体，挤上黑、白巧克力果膏。

7 用抹刀抹平，用花嘴挤出底边的花边。

8 分别在两边放上捏好的天使和玫瑰花。

9 摆上水果装饰，扫上镜面果膏。

10 将巧克力配件放上去装饰即可。

制作指导

天使的翅膀要贴在玩偶后背稍微往上的地方向两边展开。

虎虎生威
奶油巧克力蛋糕

材料 Ingredient

蛋糕体	1个	巧克力配件	适量
巧克力泥	适量	鲜奶油	165克
镜面果膏	适量	草莓等水果	适量

做法 Recipe

1 用巧克力泥捏出老虎的身体、脚和尾巴。

2 粘合上手。

3 将做好的头粘上。

4 将耳朵粘合上。

5 用火枪将其烧光滑。

6 用鲜奶油抹好直角蛋糕体，用平口嘴挤出花边。

7 用缺口嘴挤出花边。

8 将做好的老虎放在蛋糕面上。

9 摆上多种水果和巧克力配件。

10 扫上镜面果膏即可。

制作指导

　　捏巧克力泥时，尽量要用工具，因为人的手温太高，巧克力容易融化。

期待爱的小熊

奶油巧克力蛋糕

所需时间
30 分钟左右

材料 Ingredient

蛋糕体	1个	草莓等水果	适量
鲜奶油	150克	黑、白巧克力	适量
镜面果膏	适量	巧克力泥	适量

做法 Recipe

1 用巧克力泥捏出小熊的身体和脚。

2 粘合上手。

3 做出肚兜。

4 做出头部和眼睛并粘合上。

5 粘合上耳朵。

6 贴上鼻子后用火枪将其烧光滑。

7 用鲜奶油抹好直角蛋糕体，用平口嘴挤出花边。在一半面上挤出几条线。

8 将做好的小熊放在蛋糕上。

9 摆上水果和巧克力配件。

10 扫上镜面果膏即可。

制作指导

小熊的头部要分两次粘合。

229

欢快的跳跳虎
奶油巧克力蛋糕

所需时间
30 分钟左右

材料 Ingredient

蛋糕体	1个
镜面果膏	适量
巧克力果膏	适量
巧克力泥	适量
鲜奶油	150克
巧克力配件	适量
草莓、猕猴桃等水果	适量

做法 Recipe

1 用巧克力泥捏出老虎的头、耳朵和身体。

2 将捏好的脚粘上。

3 点缀上眼睛。

4 粘上尾巴，再用火枪将其烧光滑。

5 用鲜奶油抹好直角蛋糕体，表面淋上巧克力果膏。

6 将果膏抹平。

7 挤上花边。

8 将做好的老虎放在蛋糕上。

9 用花嘴在蛋糕面上做花边。

10 摆上多种水果。

11 摆上巧克力配件。

12 扫上镜面果膏即可。

制作指导

耳朵要先搓一个圆点，然后用工具压出窝再粘上去。

活泼可爱的小熊猫

白巧克力蛋糕

所需时间
30 分钟左右

材料 Ingredient

蛋糕体	1个
鲜奶油	150克
巧克力泥	适量
巧克力配件	适量
镜面果膏	适量
透明果膏	适量
草莓等水果	适量

做法 Recipe

1 用巧克力泥分别捏出熊猫的肩膀和肚子。

2 粘合上手。

3 做出头并粘合上。

4 做出耳朵和眼睛。

5 用火枪将其烧光滑。

6 用鲜奶油抹好直角蛋糕体，淋上透明果膏。

7 将果膏抹平。

8 用花嘴挤出花边。

9 将做好的熊猫放在蛋糕上面。

10 摆上多种水果。

11 摆上巧克力配件。

12 扫上镜面果膏即可。

制作指导

　　身体相连的地方收口、接口都要用工具抹平。

233

加菲猫的乐园

巧克力水果蛋糕

所需时间
30 分钟左右

材料 Ingredient

蛋糕体	1个
鲜奶油	165克
巧克力泥	适量
巧克力配件	适量
草莓等水果	适量
镜面果膏	适量
巧克力果膏	适量

做法 Recipe

1 用巧克力泥捏出加菲猫的身体、尾巴和脚。

2 粘合上前腿。

3 粘合上头。

4 粘合上眼睛。

5 粘合上胡须和鼻子。

6 用火枪将其烧光滑。

7 用鲜奶油抹好直角蛋糕体，用圆嘴在蛋糕上面挤出花边。

8 用叶嘴在底部挤出花边。

9 将做好的加菲猫放在蛋糕上。

10 摆上水果，摆上巧克力配件。

11 在底部的花边上淋一圈巧克力果膏。

12 扫上镜面果膏即可。

制作指导

　　捏加菲猫的胡须时要做到两头小中间大，加菲猫的眼睛要做大点。

快乐喜羊羊

哈密瓜巧克力蛋糕

所需时间
30 分钟左右

材料 Ingredient

蛋糕体	1个
鲜奶油	150克
巧克力泥	适量
巧克力配件	适量
镜面果膏	适量
哈密瓜果膏	适量
草莓等水果	适量

做法 Recipe

1 用巧克力泥搓好喜羊羊的身体和脚，再用白巧克力泥搓成小圆点粘在身体上。

2 粘上喜羊羊的手。

3 搓一个圆点，在面上做出它的五官和羊毛。

4 做上羊角。

5 用火枪将其烧光滑。

6 用鲜奶油抹好直角蛋糕体，淋上哈密瓜果膏。

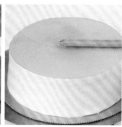

7 将果膏抹平。

8 粘上巧克力配件。

9 将做好的喜羊羊放在平面上。

10 将做好的巧克力玫瑰放在上面。

11 将巧克力叶子放上。

12 摆上水果和巧克力棍，扫上镜面果膏即可。

制作指导

搓羊毛时，圆点不用太大。

法兰西之恋
草莓果膏蛋糕

所需时间
30 分钟左右

材料 Ingredient

蛋糕体	1个
鲜奶油	150克
巧克力泥	适量
巧克力配件	适量
透明果膏	适量
草莓果膏	适量
草莓	适量
猕猴桃等水果	适量

做法 Recipe

1 用巧克力泥做出两只KITTY猫的身体和手。

2 做上它们的衣领。

3 做出头部、眼睛和鼻子并粘合上。

4 给它们做上帽子。

5 用火枪将其烧光滑。

6 在抹好鲜奶油的直角蛋糕体，淋上草莓果膏。

7 用抹刀抹光滑。

8 在表面用叶嘴挤出花边。

9 在底部用牙嘴挤出花边。

10 将做好的KITTY猫摆放在蛋糕上。

11 摆上多种水果和巧克力配件。

12 在水果上扫上透明果膏即可。

制作指导

　KITTY猫的头部要稍微压扁才行。

难忘圣诞节

香橙果膏蛋糕

所需时间
30 分钟左右

材料 Ingredient

蛋糕体	1个
鲜奶油	165克
巧克力泥	适量
巧克力配件	适量
镜面果膏	适量
香橙果膏	适量
草莓等水果	适量

做法 Recipe

1 用巧克力泥捏出圣诞老人的身体和脚。

2 捏出雪人的身体。

3 捏出圣诞老人的头和雪人的头、手,再做出他们的五官。

4 捏出圣诞树。

5 用火枪将其烧光滑。

6 用鲜奶油抹好直角蛋糕体,淋香橙果膏。

7 将它抹平,用平口嘴挤出花边。

8 用牙嘴在平面上挤出花边。

9 用牙嘴在边上挤出花边。

10 将做好的圣诞老人放上去。

11 摆上水果和巧克力配件。

12 用镜面果膏扫光滑即可。

制作指导
树是一层层地加上去的。

聪明的史努比

柠檬果膏蛋糕

所需时间
30 分钟左右

材料 Ingredient

蛋糕体	1个
鲜奶油	165克
巧克力泥	适量
巧克力配件	适量
镜面果膏	适量
柠檬果膏	适量
草莓等水果	适量

做法 Recipe

1 用巧克力泥捏好狗的身体和脚。

2 做上脖子。

3 做上狗的围裙和手。

4 做上狗的头和眼睛。

5 做上耳朵，并用火枪将其烧光滑。

6 用鲜奶油抹好直角蛋糕体，淋上柠檬果膏。

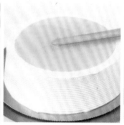

7 将果膏抹平。

8 用缺口嘴在表面边上挤上花边。

9 用缺口嘴在底部边上挤出花边。

10 将做好的狗放在蛋糕面上。

11 摆上水果和巧克力配件。

12 扫上镜面果膏即可。

制作指导

要先捏好肉色的耳朵，再贴黑色的耳朵。

果味唐老鸭

巧克力水果蛋糕

所需时间
30 分钟左右

材料 Ingredient

蛋糕体	1个
镜面果膏	适量
鲜奶油	165克
巧克力泥	适量
巧克力配件	适量
草莓等水果	适量

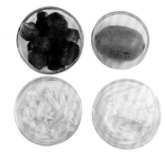

做法 Recipe

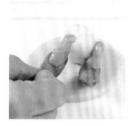

1 用巧克力泥捏好唐老鸭的下身和脚。

2 做出唐老鸭的上身和手粘上。

3 搓一个圆，粘上嘴巴和眼睛，粘在脖子上。

4 用绿色的巧克力泥做好一个蝴蝶结。

5 用火枪将其烧光滑。

6 用鲜奶油抹好直角蛋糕体，用平口嘴挤出花边。

7 用平口嘴在表面边上挤出花边。

8 用圆嘴在面上挤出花边。

9 用牙嘴在边上挤出花边。

10 将做好的唐老鸭放在蛋糕上面。

11 摆上水果和巧克力配件。

12 扫上镜面果膏即可。

制作指导

唐老鸭的下身要搓成水滴状。

可爱流氓兔
蓝莓果膏蛋糕

所需时间
30 分钟左右

材料 Ingredient

蛋糕体	1个
鲜奶油	165克
镜面果膏	适量
蓝莓果膏	适量
巧克力泥	适量
巧克力配件	适量
草莓等水果	适量

做法 Recipe

1 用巧克力泥捏出流氓兔的身体和脚。

2 将做好的衣服和手粘上。

3 将做好的头粘上。

4 粘上耳朵,用火枪将其烧光滑。

5 用鲜奶油抹好直角蛋糕体,淋上蓝莓果膏。

6 将果膏抹平。

7 用花嘴挤出花边。

8 用平口嘴在表面边上挤出花边。

9 用花嘴在面上挤出花边。

10 将做好的流氓兔放在蛋糕上面。

11 摆上水果和巧克力配件。

12 扫上镜面果膏,用巧克力片装饰侧面即可。

制作指导

流氓兔的耳朵不要贴得太靠前。

小男孩的美好时光

巧克力奶油蛋糕

材料 Ingredient

蛋糕体	1个
鲜奶油	175克
巧克力泥	适量
巧克力配件	适量
镜面果膏	适量
天蓝色果膏	适量
草莓等水果	适量
马卡龙饼干	1个

做法 Recipe

1 用巧克力泥做好小男孩的身体和脚。

2 将做好的围裙和手粘上。

3 将头粘上。

4 粘上眼睛和耳朵。

5 粘上头发，用火枪将其烧光滑。

6 在蛋糕体上抹上鲜奶油，用裱花嘴在抹好的蛋糕边上挤出花边。

7 用小圆嘴挤出花边。

8 用小圆嘴点上花边。

9 淋上天蓝色果膏。

10 将做好的男孩放在蛋糕面上。

11 摆上水果、马卡龙饼干和巧克力配件。

12 扫上镜面果膏即可。

制作指导

　　放小男孩时不要靠近蛋糕的边缘，否则会把奶油压塌。

寿比南山
草莓果膏蛋糕

所需时间
30 分钟左右

材料 Ingredient

蛋糕体	1个
鲜奶油	165克
镜面果膏	适量
草莓果膏	适量
草莓等水果	适量
巧克力配件	适量
巧克力泥	适量

做法 Recipe

1 用巧克力泥搓好寿星公的上身和下身。

2 粘合寿星公的手。

3 做好头（耳朵、眉毛、胡须）。

4 粘上发簪，再用火枪将其烧光滑。

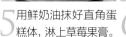

5 用鲜奶油抹好直角蛋糕体，淋上草莓果膏。

6 将果膏抹平。

7 用平口嘴挤上花边。

8 用花嘴挤上花边。

9 用小圆嘴挤上花边。

10 将做好的寿星公放在上面。

11 摆上水果和巧克力配件。

12 扫上镜面果膏即可。

制作指导

　　寿星公的胡子要搓成水滴状再捏扁贴上去，或者搓成细条贴上去。

维尼熊的世界

鲜奶水果蛋糕

所需时间
30 分钟左右

材料 Ingredient

蛋糕体	1个
糖粉	16克
鲜奶油	165克
镜面果膏	适量
草莓等水果	适量
巧克力配件	适量
巧克力泥	适量

做法 Recipe

1 用巧克力泥捏出小熊维尼的屁股和脚。

2 粘上身体。

3 粘上衣领和手。

4 粘上头，做出眼睛、眉毛和耳朵。

5 做出鼻子，并用火枪将其烧光滑。

6 用圆嘴在抹好鲜奶油的直角蛋糕体上挤圆点。

7 用挖球器在圆点上压一下。

8 用小筛子在圆点上撒上糖粉。

9 在蛋糕边上贴上巧克力配件。

10 将做好的小熊维尼放在上面。

11 摆上水果、扫上镜面果膏。

12 摆上巧克力配件即可。

制作指导

熊的鼻子要稍微向上翘一些。

跳动的旋律

草莓慕斯蛋糕

所需时间
50 分钟左右

材料 Ingredient

酒糖液材料

糖	50克
水	150毫升
樱桃酒	25毫升

慕斯奶油馅材料

牛奶	200克
蛋黄	2个
糖	50克
低筋面粉	20克
香草粉	5克
无盐奶油	150克
草莓颗粒	适量

其他材料

原味蛋糕片	适量
欧机主教蛋糕片	适量
巧克力配件	适量
水果	适量